絕品雞尾酒研究室

*5*支基酒×*4*種基本技法×*3*組方程式

隨心所欲調出**452**款世界級經典雞尾酒

編集工房桃庵／編著　安珀／譯

目次

雞尾酒的材料目錄

第2章 雞尾酒目錄 55

第3章 雞尾酒的基礎知識 219

雞尾酒的基本技法 224

★莫西多7款　調製方法&變化版 230

憑藉顏色和外觀來選擇

以基酒分類的索引

雞尾酒即使是單看酒名，腦海中也完全沒有印象，
若是知道外觀和基酒的話，應該比較容易選擇。
如果看到自己想喝的雞尾酒，就翻到刊載詳細內容的頁數！

※圓圈之中的數字是刊載詳細內容的頁數。

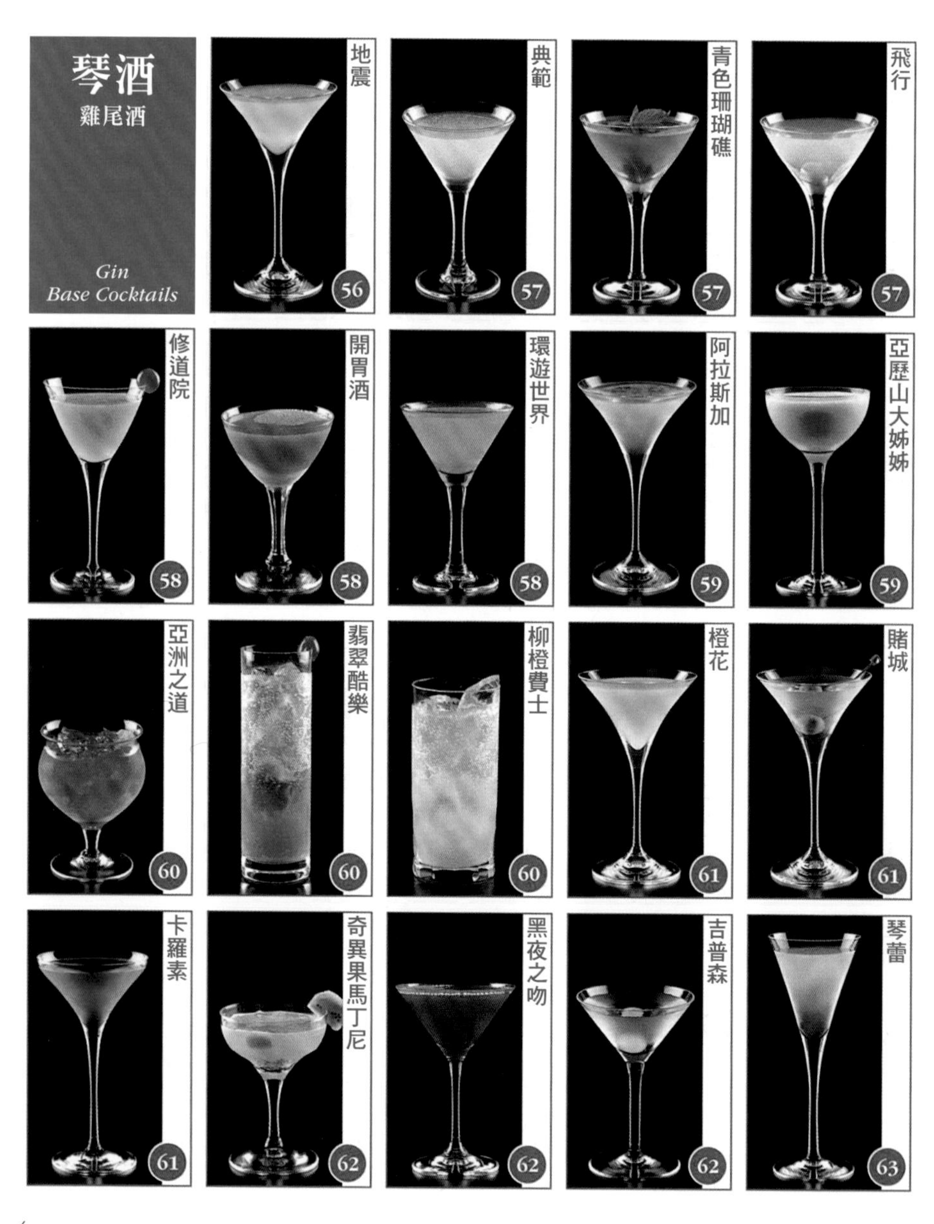

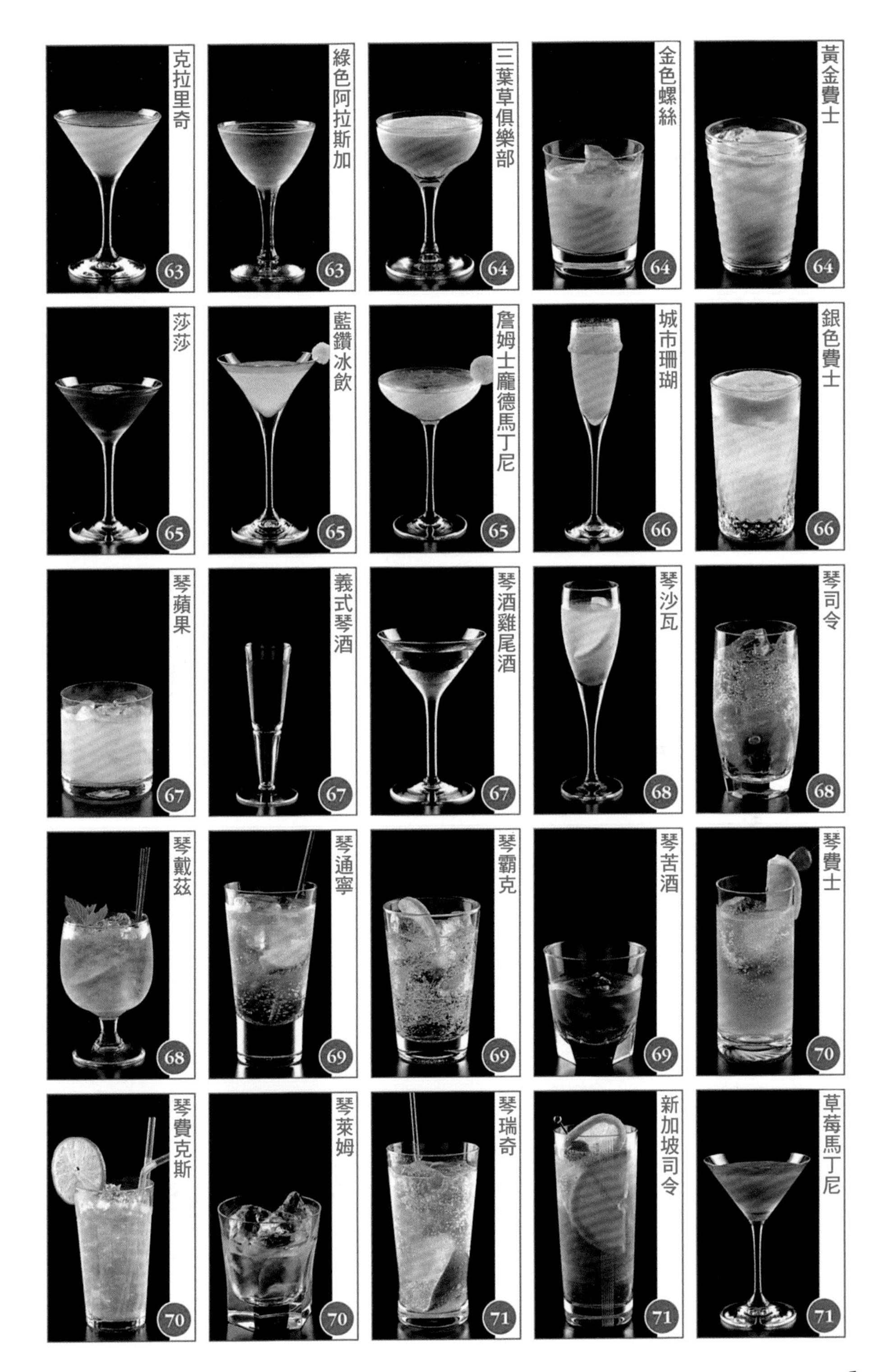

克拉里奇
63
綠色阿拉斯加
63
三葉草俱樂部
64
金色螺絲
64
黃金費士
64
莎莎
65
藍鑽冰飲
65
詹姆士龐德馬丁尼
65
城市珊瑚
66
銀色費士
66
琴蘋果
67
義式琴酒
67
琴酒雞尾酒
67
琴沙瓦
68
琴司令
68
琴戴茲
68
琴通寧
69
琴霸克
69
琴苦酒
69
琴費士
70
琴費克斯
70
琴萊姆
70
琴瑞奇
71
新加坡司令
71
草莓馬丁尼
71

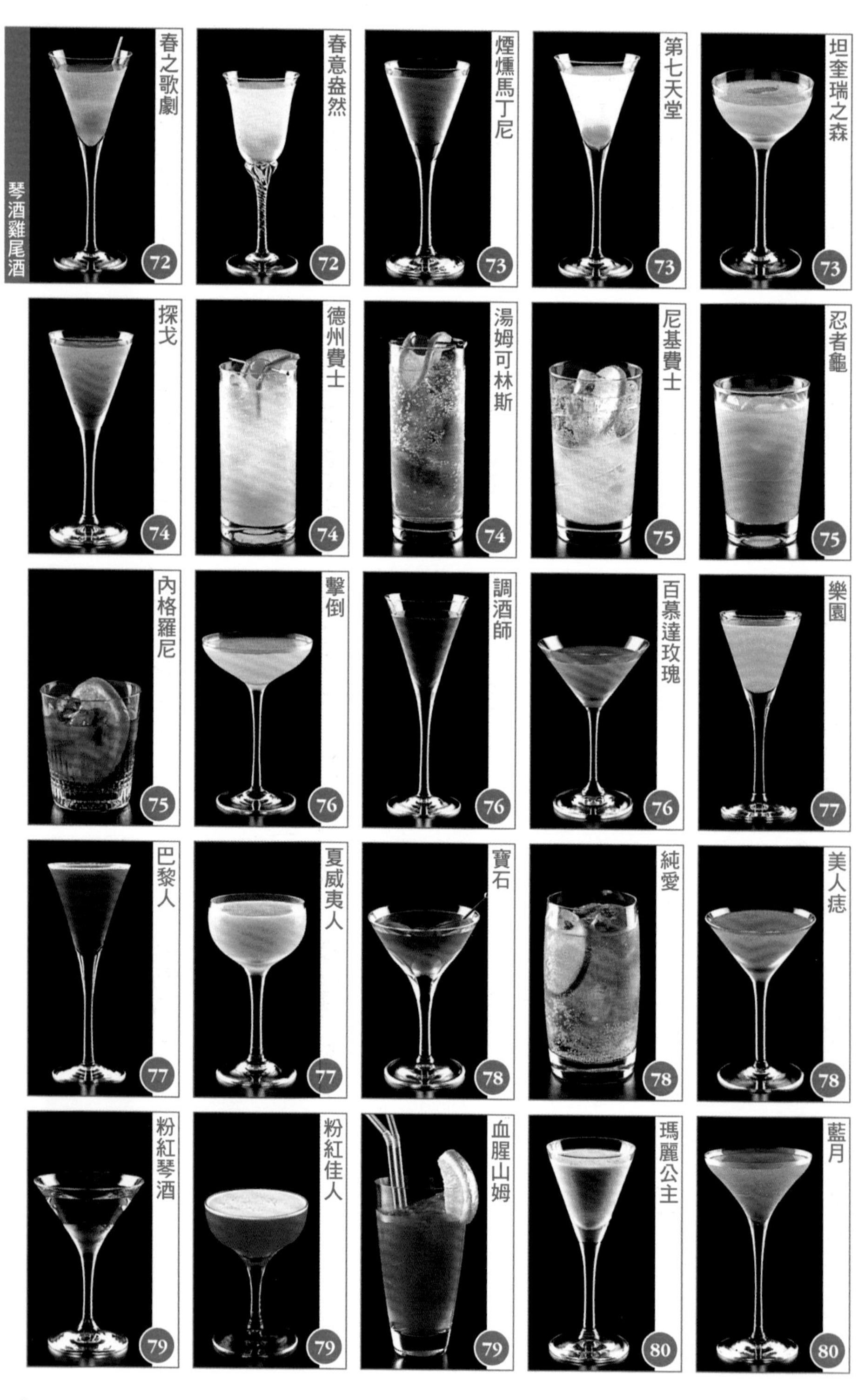
琴酒雞尾酒
春之歌劇
72
春意盎然
72
煙燻馬丁尼
73
第七天堂
73
坦奎瑞之森
73
探戈
74
德州費士
74
湯姆可林斯
74
尼基費士
75
忍者龜
75
內格羅尼
75
擊倒
76
調酒師
76
百慕達玫瑰
76
樂園
77
巴黎人
77
夏威夷人
77
寶石
78
純愛
78
美人痣
78
粉紅琴酒
79
粉紅佳人
79
血腥山姆
79
瑪麗公主
80
藍月
80

鬥牛犬高球
80
法式75
81
布朗克斯
81
檀香山
81
白色之翼
82
白百合
82
白色佳人
82
白玫瑰
83
木蘭花開
83
馬丁尼
83
馬丁尼（甜）
84
馬丁尼（不甜）
84
馬丁尼（半甜）
84
馬丁尼加冰塊
85
牽線木偶
85
百萬美元
85
風流寡婦
86
哈密瓜特調
86
橫濱
86
淑女80
87
皇家費士
87
長島冰茶
87

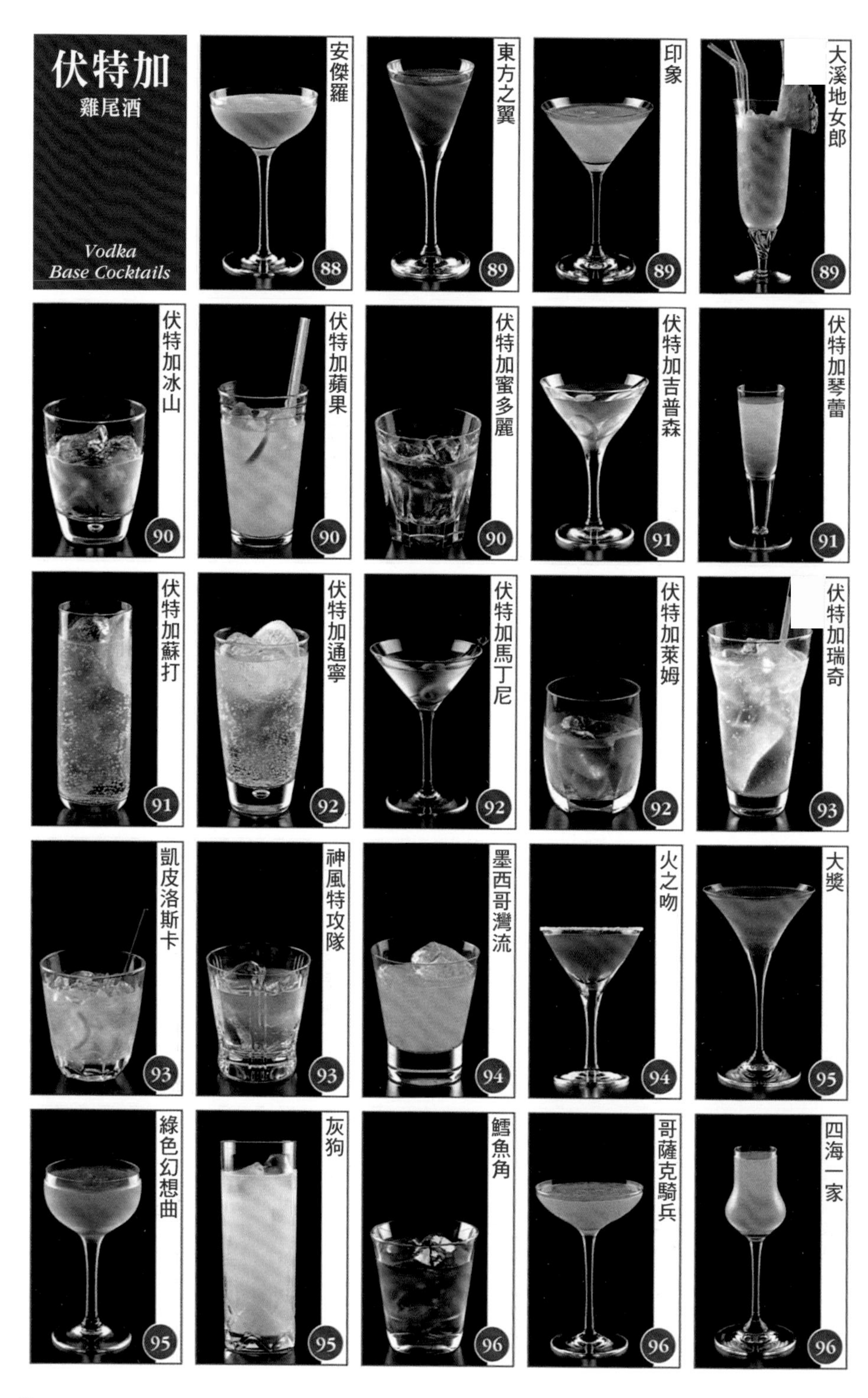
伏特加
雞尾酒
Vodka
Base Cocktails
安傑羅 88
東方之翼 89
印象 89
大溪地女郎 89
伏特加冰山 90
伏特加蘋果 90
伏特加蜜多麗 90
伏特加吉普森 91
伏特加琴蕾 91
伏特加蘇打 91
伏特加通寧 92
伏特加馬丁尼 92
伏特加萊姆 92
伏特加瑞奇 93
凱皮洛斯卡 93
神風特攻隊 93
墨西哥灣流 94
火之吻 94
大獎 95
綠色幻想曲 95
灰狗 95
鱈魚角 96
哥薩克騎兵 96
四海一家 96

教母
97
殖民地
97
海上微風
97
吉普賽
98
螺絲起子
98
大榔頭
98
性感海灘
99
鹹狗
99
奇奇
99
皇后
100
小憩片刻
100
芭芭拉
100
哈維撞牆
101
巴卡拉
101
巴拉萊卡
101
放克蚱蜢
102
黑色俄羅斯
102
血腥公牛
102
血腥瑪麗
103
李子廣場
103
覆盆子沙瓦
103
公牛子彈
104
藍色珊瑚礁
104
窩瓦河
104
窩瓦河船夫
105

伏特加雞尾酒
白蜘蛛
105
白色俄羅斯
105
莫斯科騾子
106
雪國
106
俄羅斯
107
路跑者
107
羅貝塔
107
蘭姆酒
雞尾酒
Rum
Base Cocktails
X.Y.Z.
108
大總統
109
自由古巴
109
古巴
109
京斯頓
110
綠眼
110
格羅格
111
珊瑚
111
金色友人
111
牙買加小子
112
上海
112
高空跳傘
113
天蠍座
113
回音
113
殭屍
114
黛綺莉
114
中國人
115

內華達 115
鳳梨費士 115
百加得 116
哈瓦那海灘 116
巴哈馬 117
鳳梨可樂達 117
銀髮女郎 117
莊園主雞尾酒 118
莊園主賓治 118
藍色夏威夷 118
霜凍草莓黛綺莉 119
霜凍黛綺莉 119
霜凍香蕉黛綺莉 119
波士頓酷樂 120
奶油熱蘭姆酒 120
邁阿密 120
邁泰 121
百萬富翁 121
瑪莉碧克馥 122
莫西多 122
蘭姆鳳梨 122
蘭姆卡琵莉亞 123
蘭姆酷樂 123
蘭姆可樂 123
蘭姆可林斯 124

蘭姆酒雞尾酒
蘭姆茱莉普 124
蘭姆蘇打 125
蘭姆通寧 125
小公主 125
龍舌蘭
雞尾酒
Tequila
Base Cocktails
破冰船 126
大使 127
長青樹 127
惡魔 127
柑橘瑪格麗特 128
科科瓦多 128
伯爵夫人 129
仙客來 129
玻璃絲襪 129
草帽 130
黑刺李龍舌蘭 130
龍舌蘭葡萄柚 130
龍舌蘭日落 131
龍舌蘭日出 131
龍舌蘭馬丁尼 132
龍舌蘭曼哈頓 132
龍舌蘭通寧 132
騎馬鬥牛士 133
猛牛 133

法國仙人掌
133
霜凍藍色瑪格麗特
134
霜凍瑪格麗特
134
百老匯渴望
135
鬥牛士
135
瑪麗亞泰瑞莎
135
瑪格麗特
136
墨西哥人
136
墨西哥玫瑰
136
哈密瓜瑪格麗特
137
仿聲鳥
137
朝陽
137
威士忌
雞尾酒
Whisky
Base Cocktails
愛爾蘭咖啡
150
親密關係
151
艾爾卡彭
151
墨水街
151
帝王費士
152
威士忌雞尾酒
152
威士忌沙瓦
152
威士忌托迪
153
威士忌高球
153
漂浮威士忌
153
老夥伴
154
古典雞尾酒
154

威士忌雞尾酒
東方
155
牛仔
155
加州檸檬汁
155
快吻我
156
克倫代克酷樂
156
教父
157
海軍准將
157
三葉草
157
約翰可林斯
158
蘇格蘭裙
158
德比費士
158
邱吉爾
159
紐約
159
波本蘇打
160
波本霸克
160
波本萊姆
160
高帽子
161
高原酷樂
161
颶風
162
獵人
162
布魯克林
162
一桿進洞
163
熱威士忌托迪
163
鮑比伯恩斯
163
邁阿密海灘
164

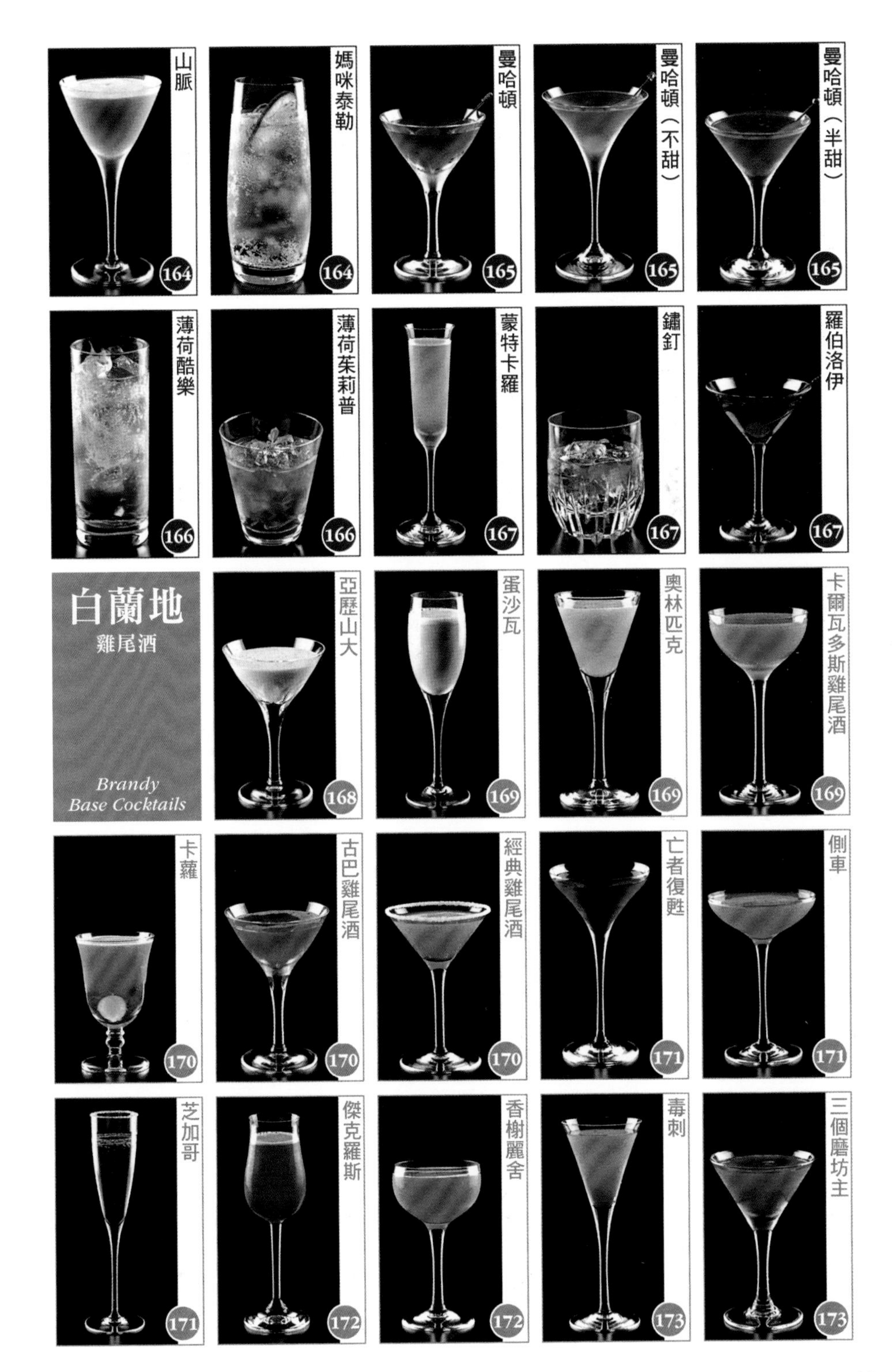
山脈
164
媽咪泰勒
164
曼哈頓
165
曼哈頓（不甜）
165
曼哈頓（半甜）
165
薄荷酷樂
166
薄荷茱莉普
166
蒙特卡羅
167
鏽釘
167
羅伯洛伊
167
白蘭地
雞尾酒
Brandy
Base Cocktails
亞歷山大
168
蛋沙瓦
169
奧林匹克
169
卡爾瓦多斯雞尾酒
169
卡蘿
170
古巴雞尾酒
170
經典雞尾酒
170
亡者復甦
171
側車
171
芝加哥
171
傑克羅斯
172
香榭麗舍
172
毒刺
173
三個磨坊主
173

白蘭地雞尾酒
黯淡的母親
173
櫻花
174
夢幻
174
尼可拉斯加
174
哈佛
175
哈佛酷樂
175
蜜月
175
B&B
176
床笫之間
176
白蘭地蛋酒
176
白蘭地雞尾酒
177
白蘭地沙瓦
177
白蘭地司令
177
白蘭地費克斯
178
白蘭地牛奶賓治
178
霹靂神探
178
馬頸
179
熱白蘭地蛋酒
179
孟買
179
香甜酒
雞尾酒
Liqueur
Base Cocktails
餐後酒
180
杏桃酷樂
181
皮康高球
181
黃鸚鵡
181

可可費士
182
黑醋栗烏龍
182
卡魯哇牛奶
183
金巴利柳橙
183
金巴利蘇打
183
彼得國王
184
水晶協奏曲
184
綠色蚱蜢
184
金色凱迪拉克
185
金色夢幻
185
聖日耳曼
185
夏翠絲通寧
186
郝思嘉
186
泡泡
186
黑刺李琴酒雞尾酒
187
黑刺李琴酒費士
187
吉拿可樂
187
查理卓別林
188
中國藍
188
迪薩利塔
188
發現
189
迪塔妖精
189
紫羅蘭費士
189
香蕉天堂
190
瓦倫西亞
190

香甜酒雞尾酒
皮康雞尾酒
190
乒乓
191
禁果
191
普施咖啡
191
藍色佳人
192
鬥牛犬
192
天鵝絨椰頭
192
滾球
193
熱金巴利
193
波希米亞夢想
193
薄荷芙萊蓓
194
哈密瓜球
194
哈密瓜牛奶
194
荔枝葡萄柚
195
紅寶石費士
195
白瑞德
195
葡萄酒&
香檳
雞尾酒
Wine
&
Champagne
Base Cocktails
阿丁頓
196
阿多尼斯
197
美國佬
197
美國檸檬水
197
基爾
198
皇家基爾
198
綠色大地
克倫代克高球
199

香檳雞尾酒
199
交響曲
200
斯普里策
200
靈魂之吻
200
多寶力費士
201
霸克費士
201
竹子
201
貝里尼
202
白色含羞草
202
富士山
202
含羞草
203
葡萄酒酷樂
203
漂浮葡萄酒
203
啤酒
雞尾酒
Beer
Base Cocktails
金巴利啤酒
204
蔓越莓啤酒
205
潛水艇
205
香迪蓋夫
206
狗鼻子
206
帕納雪
206
啤酒斯普里策
207
水蜜桃啤酒
207
黑色天鵝絨
208
薄荷啤酒
208
紅眼
209

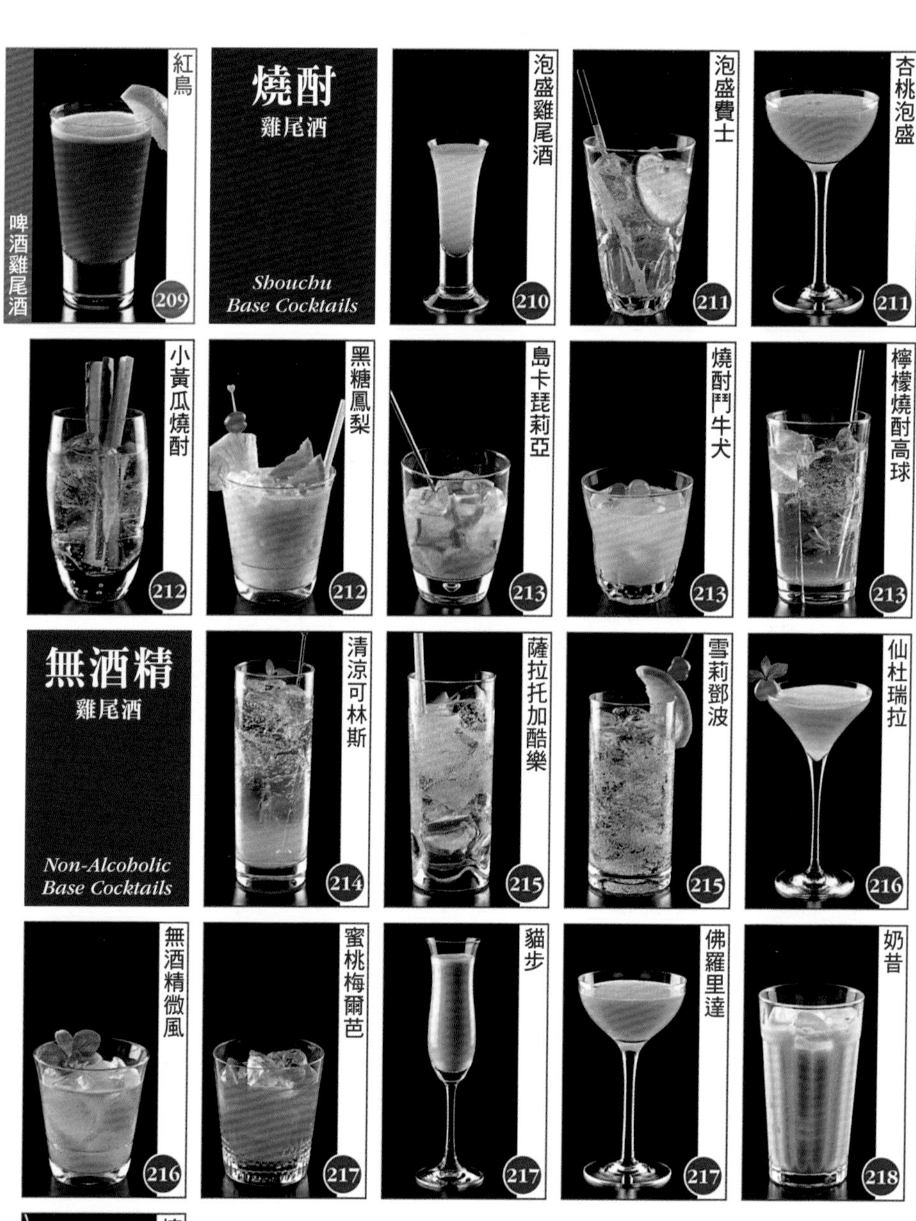
紅鳥
啤酒雞尾酒
209
燒酎
雞尾酒
Shouchu
Base Cocktails
泡盛雞尾酒
210
泡盛費士
211
杏桃泡盛
211
小黃瓜燒酎
212
黑糖鳳梨
212
島卡琵莉亞
213
燒酎鬥牛犬
213
檸檬燒酎高球
213
無酒精
雞尾酒
Non-Alcoholic
Base Cocktails
清涼可林斯
214
薩拉托加酷樂
215
雪莉鄧波
215
仙杜瑞拉
216
無酒精微風
216
蜜桃梅爾芭
217
貓步
217
佛羅里達
217
奶昔
218

檸檬水
218

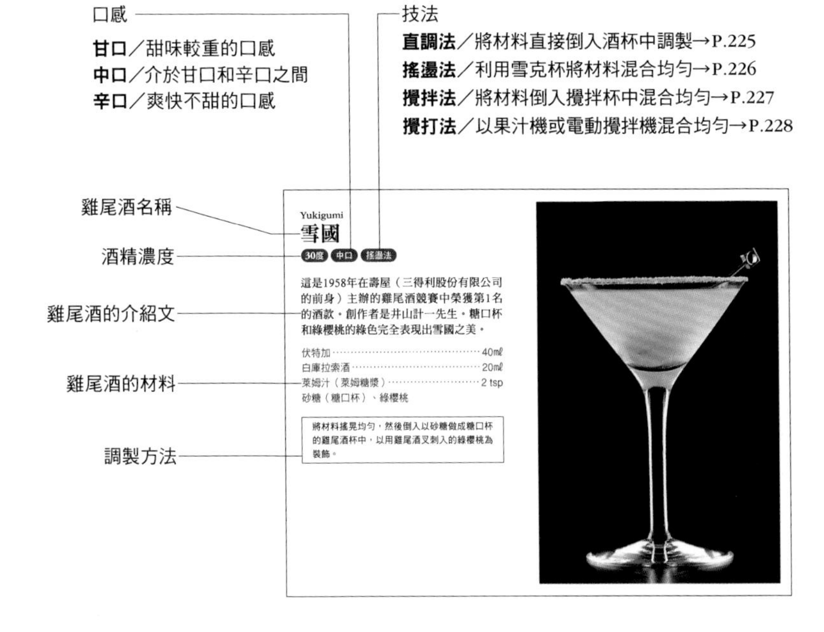

▼單位的標示和標準

1 tsp（茶匙）＝約5mℓ
1 dash（抖振）
＝約1mℓ（苦精瓶1抖振的分量＝4～6滴）
1 drop（滴）
＝約1/5mℓ（苦精瓶1滴份）
1 glass（杯）＝約60mℓ
1 cup（杯）＝200mℓ
※量杯的詳細使用方法請參照224頁。

▼酒譜內的酒

材料表中的酒，如果沒有特別指定種類或品牌，則使用何種品牌的商品都OK。標記成「龍舌蘭」的龍舌蘭酒，基本上是以「白色龍舌蘭（Blanco）」來調製，但是用「黃色龍舌蘭（Reposado）」來製作也OK。「威士忌」若沒有特別標示種類，則使用何種威士忌都OK。「香檳」可以替換成各國的「氣泡葡萄酒」。「君度橙酒」可以替換成「白庫拉索酒」。

▼果汁

本書中所使用的果汁皆是使用「果汁100%」的商品。不過，標示為「萊姆汁（萊姆糖漿）」者，請使用加了糖的果汁（P.149）或是以純糖漿等調整甜味。

▼酒類資訊的標示

進口商／進口、銷售商品的公司名稱。或是經銷商。
價格／所記載的是截至2021年9月為止，經銷業者的建議零售價、參考零售價（不含稅）。
（※酒類的進口商、銷售商、經銷商、價格等時有變動，敬請見諒）

5支酒就能調製120種以上的雞尾酒

調酒新手入門酒組

Cocktail Start Set

基酒3支

1 乾型琴酒

雞尾酒基酒的基本款

尾韻乾淨的口感，
以英國傳統的
乾型琴酒為主流

→可以調製的雞尾酒見P.24

2 伏特加

無色透明且味道純淨

不挑剔混合的素材，
又沒有特殊的異味，
最適合用來調製雞尾酒

→可以調製的雞尾酒見P.26

3 威士忌

可以享用到不同類型的個性

若要用來調製雞尾酒，
請選用特色不會太突出，
口感柔順的類型

→可以調製的雞尾酒見P.28

「想要調製雞尾酒，要先備齊哪些酒類比較好呢？」對於有這種困擾的人，建議可以先從下列5支「調酒新手入門酒組」開始選購。任何1支酒在調製雞尾酒時的通用性都很高，所以先從自己喜歡的1～2支酒開始嘗試吧！即使只是兌點果汁或碳酸類飲料，應該都可以調製出相當多種的雞尾酒。

擴展雞尾酒世界的2支酒

4 白庫拉索酒（君度橙酒）

香氣濃郁的法國產柑橘香甜酒

甜中帶苦的柑橘風味，
與各式各樣的基酒
非常契合

→可以調製的雞尾酒見 P.30

5 不甜香艾酒

飄散著藥草香氣的加味葡萄酒

藥草、水果或香料的
風味賦予雞尾酒
高雅的味道

→可以調製的雞尾酒見 P.30

1

Cocktail Start Set

琴酒

可以調製的雞尾酒 全39種

＋ 果汁 碳酸類 甜味類 ＝ 34種

琴費士

乾型琴酒……… 45mℓ
檸檬汁………… 20mℓ
純糖漿……… 1～2 tsp
蘇打水………… 適量

→P.70

→P.61

橙花

乾型琴酒……… 40ml
柳橙汁………… 20mℓ

粉紅佳人

乾型琴酒……… 45mℓ
紅石榴糖漿…… 20mℓ
檸檬汁………… 1 tsp
蛋白…………… 1個

→P.79

→P.70

琴萊姆

乾型琴酒……… 45mℓ
萊姆汁（萊姆糖漿）
……………… 15mℓ

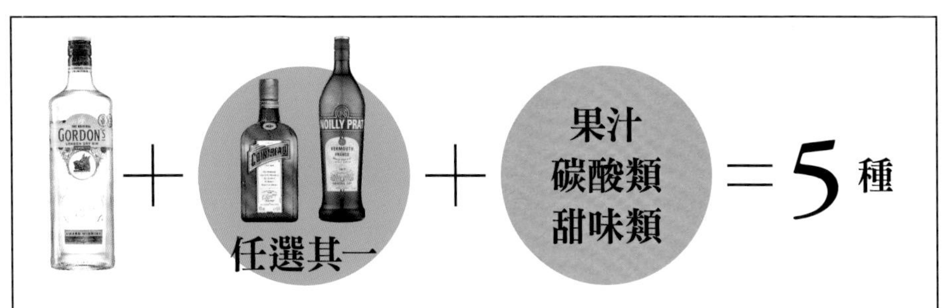

吉普森

乾型琴酒⋯⋯⋯⋯50mℓ
不甜香艾酒⋯⋯⋯10mℓ

白色佳人

乾型琴酒⋯⋯⋯⋯30mℓ
白庫拉索酒（君度橙酒）⋯⋯⋯⋯15mℓ
檸檬汁⋯⋯⋯⋯15mℓ

馬丁尼

乾型琴酒⋯⋯⋯⋯45mℓ
不甜香艾酒⋯⋯⋯15mℓ

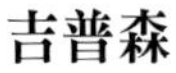

馬丁尼加冰塊⋯⋯⋯⋯⋯⋯P.85　馬丁尼（不甜）⋯⋯⋯⋯⋯⋯P.84

※黑字是附上照片所介紹的雞尾酒。紅字是只要更換基酒就能調製的雞尾酒（頁數是指相關的頁數）。

＊1 鱈魚角　＊2 螺絲起子

Cocktail Start Set

伏特加
可以調製的雞尾酒 全37種

＋ 果汁 碳酸類 甜味類 ＝ 30種

螺絲起子

伏特加…………45mℓ
柳橙汁…………適量

→P.98

→P.99

鹹狗

伏特加…………45mℓ
葡萄柚汁………適量

莫斯科騾子

伏特加…………45mℓ
萊姆汁…………15mℓ
薑汁汽水………適量

→P.106

→P.103

血腥瑪麗

伏特加…………45mℓ
番茄汁…………適量

大獎

伏特加……………30mℓ
不甜香艾酒…………25mℓ
君度橙酒……………5mℓ
檸檬汁……………1 tsp
紅石榴糖漿…………1 tsp

四海一家

伏特加……………30mℓ
白庫拉索酒…………10mℓ
蔓越莓汁……………10mℓ
萊姆汁……………10mℓ

雪國

伏特加……………40mℓ
白庫拉索酒…………20mℓ
萊姆汁（萊姆糖漿）
……………………2 tsp

伏特加吉普森……………………P.91
伏特加馬丁尼……………………P.92
神風特攻隊……………………P.93
巴拉萊卡……………………P.101

※黑字是附上照片所介紹的雞尾酒。紅字是只要更換基酒就能調製的雞尾酒（頁數是指相關的頁數）。

伏特加沙瓦……………P.68
伏特加司令……………P.68
伏特加戴茲……………P.68
伏特加霸克……………P.69
伏特加費士……………P.70
費克斯……………P.70
伏特加可林斯……………P.74
伏特加馬丁尼加冰塊……P.85
伏特加蘋果……………P.90
伏特加琴蕾……………P.91
伏特加蘇打……………P.91
伏特加通寧……………P.92
伏特加萊姆……………P.92
伏特加瑞奇……………P.93
凱皮洛斯卡……………P.93
灰狗……………P.95
鱈魚角……………P.96
海上微風……………P.97
大榔頭……………P.98
奇奇……………P.99
血腥公牛……………P.102
公牛子彈……………P.104
窩瓦河……………P.104
伏特加鳳梨……………P.122
伏特加酷樂……………P.123
伏特加可樂……………P.123

Cocktail Start Set

威士忌
可以調製的雞尾酒 全31種

＋ 果汁 碳酸類 甜味類 ＝ 28種

威士忌雞尾酒

威士忌…………60mℓ
安格仕苦精……1 dash
純糖漿…………1 dash

→P.152

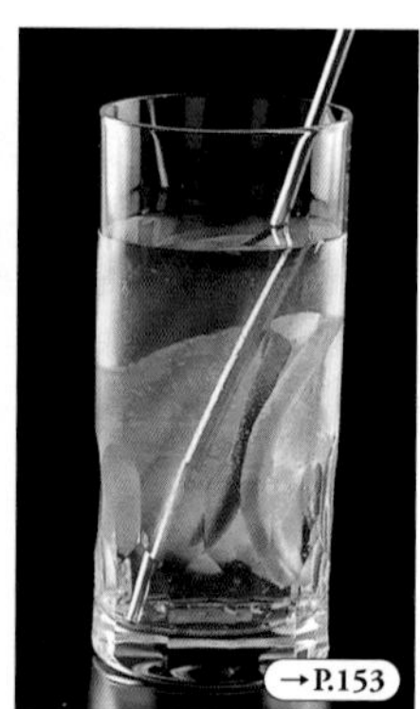
→P.153

威士忌托迪

威士忌…………45mℓ
砂糖（純糖漿）……1 tsp
水（礦泉水）……適量

威士忌沙瓦

威士忌…………45mℓ
檸檬汁…………20mℓ
砂糖（純糖漿）…1 tsp

→P.152

→P.164

媽咪泰勒

蘇格蘭威士忌……45mℓ
檸檬汁…………20mℓ
薑汁汽水………適量

→P.163

一桿進洞

威士忌……………40mℓ
不甜香艾酒…………20mℓ
檸檬汁…………2 dashes
柳橙汁……………1 dash

→P.164

邁阿密海灘

威士忌……………35mℓ
不甜香艾酒…………10mℓ
葡萄柚汁……………15mℓ

→P.165

威士忌曼哈頓（不甜）

威士忌……………48mℓ
不甜香艾酒…………12mℓ
安格仕苦精………1 dash

※黑字是附上照片所介紹的雞尾酒。紅字是只要更換基酒就能調製的雞尾酒（頁數是指相關的頁數）。

威士忌戴茲……………P.68
威士忌司令……………P.68
威士忌蘋果……………P.90
威士忌通寧……………P.92
威士忌瑞奇……………P.93
威士忌蔓越莓[*1]…………P.96
威士忌柳橙[*2]……………P.98
威士忌鳳梨……………P.122
威士忌可樂……………P.123
威士忌葡萄柚…………P.130
愛爾蘭咖啡……………P.150
墨水街…………………P.151
威士忌高球……………P.153
漂浮威士忌……………P.153
古典雞尾酒……………P.154
牛仔……………………P.155
加州檸檬汁……………P.155
克倫代克酷樂…………P.156
海軍准將………………P.157
約翰可林斯……………P.158
紐約……………………P.159
高原酷樂………………P.161
熱威士忌托迪…………P.163
薄荷茱莉普……………P.166

＊1 鱈魚角　＊2 螺絲起子

4

白庫拉索酒（君度橙酒）

可以調製的雞尾酒

＋ 果汁 碳酸類 甜味類 ＝ 13種

＊1 發現

5

不甜香艾酒

可以調製的雞尾酒

＋ 果汁 碳酸類 甜味類 ＝ 4種

※紅字是只要更換基酒就能調製的雞尾酒（頁數是指相關的頁數）。

＊2 黑醋栗烏龍

第1章

雞尾酒的調製方程式

雞尾酒的分類

首先來了解一下雞尾酒的分類吧。有2個重點，分別是「雞尾酒大致上可以分成長飲型和短飲型兩大類」，以及「雞尾酒的調製方法有4個基本技法」。

雞尾酒是什麼？

簡單來說，就是「以酒為基底，混合2種以上的材料調製而成的混合飲料」。雞尾酒一般都是以烈酒（蒸餾酒）或香甜酒作為基酒來調製，但是沒有加入酒的「無酒精雞尾酒」被認為也是雞尾酒的同類。

雞尾酒的由來是什麼？

雞尾酒Cocktail的語源是「Tail of Cock＝雄雞的雞尾」的意思。關於名稱的由來眾說紛紜，「因為攪拌飲料的時候是使用雄雞的尾羽」、「因為雄雞的尾羽像雞尾酒一樣繽紛多彩」、「因為以前為了表示玻璃杯裡的內容物含有酒精成分，有插上雄雞尾羽的習慣」等，有各種不同的說法，真正的由來仍未有定論。

雞尾酒分成「長飲型」和「短飲型」這兩類

雞尾酒根據酒杯的大小和飲用完畢的時間，大致上分成「長飲型」和「短飲型」兩大類。長飲型：指的是用平底杯或可林杯等較大型的玻璃杯調製，裝入冰塊之後再以碳酸飲料或果汁稀釋，可以慢慢享用的雞尾酒。短飲型：指的是將材料與冰塊一起放入雪克杯或攪拌杯中混合之後，倒入雞尾酒杯中，趁著還冰涼的時候，短時間內飲用的雞尾酒。

根據溫度的分類和類型

長飲型根據完成時飲品的溫度又可區分成「冷飲」和「熱飲」。此外，長飲型的重點在於有很多「既定調製方法的類型（參照P.42）」，如果可以記住代表性的類型，只要更換基酒就能享受到味道的變化。

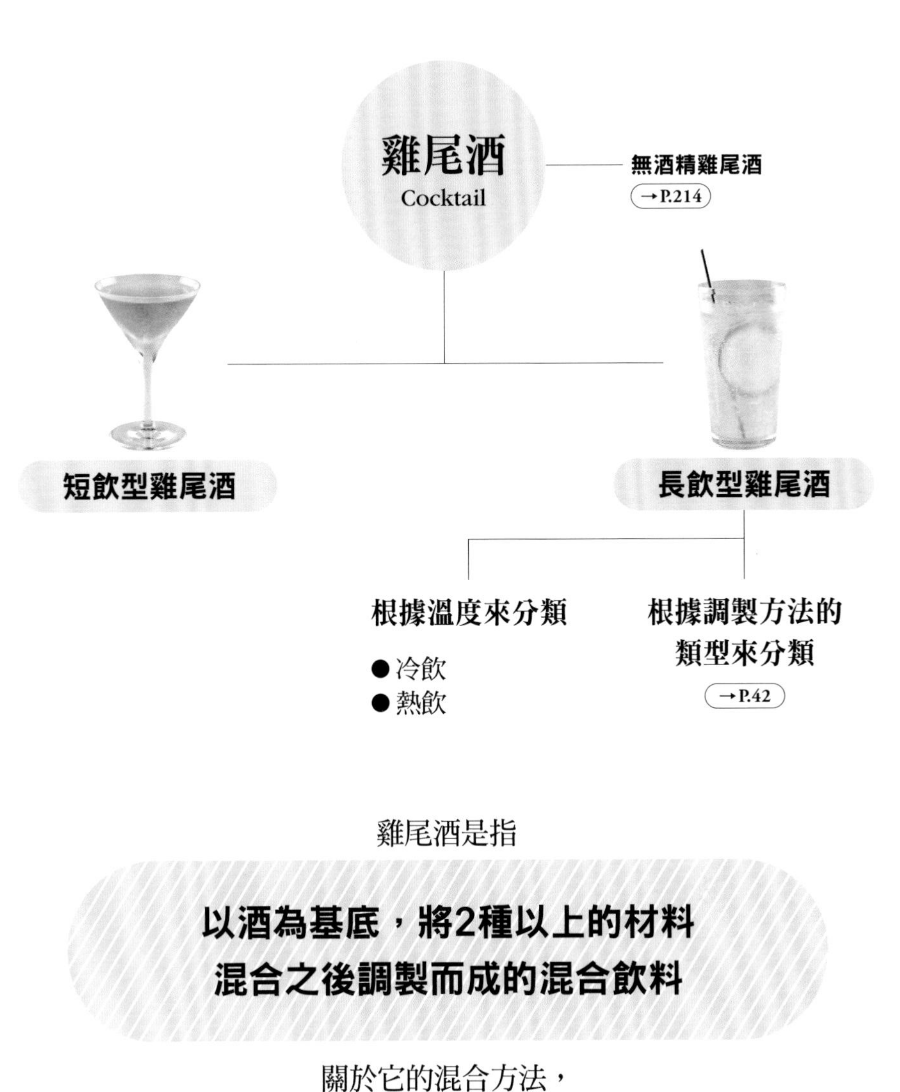

雞尾酒是指

以酒為基底，將2種以上的材料
混合之後調製而成的混合飲料

關於它的混合方法，
有**4個基本技法**。

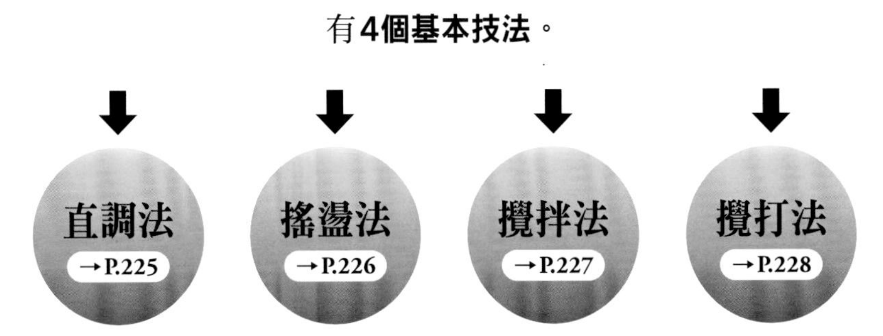

調製雞尾酒的方程式

**構成雞尾酒的主要材料可以區分成3個群組。
如果能認識ABC＝3群味道的基本構造，了解它混合的
基本方程式，任何人都能輕鬆完成雞尾酒的調製。**

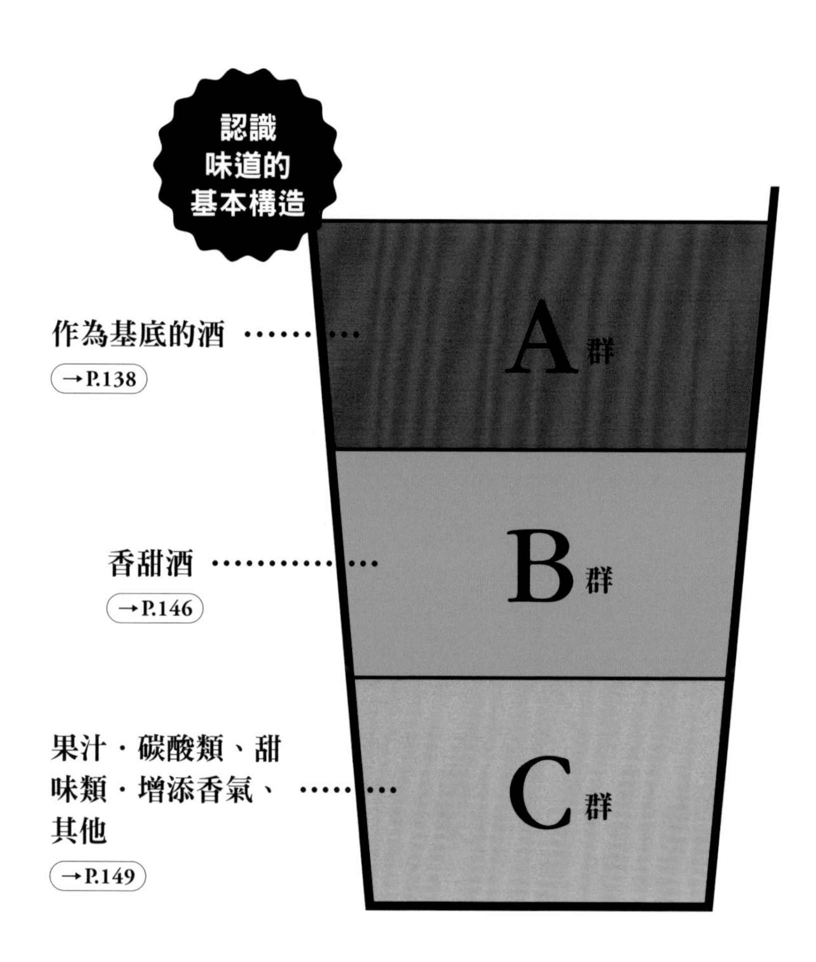

構成雞尾酒的主要材料
大致上可以分成3大類

構成雞尾酒的3類材料

群

作為基底的酒

乾型琴酒、伏特加、白蘭姆酒、黑蘭姆酒、龍舌蘭、蘇格蘭威士忌、波本威士忌、白蘭地、葡萄酒、香檳、氣泡葡萄酒、啤酒、燒酎等。

➡詳情參照P.138~

群

香甜酒

杏桃白蘭地、白庫拉索酒、哈密瓜香甜酒、櫻桃香甜酒、金巴利香甜酒、夏翠絲香甜酒、吉寶蜂蜜香甜酒、保樂茴香香甜酒、咖啡香甜酒、阿瑪雷托杏仁香甜酒等。

➡詳情參照P.146~

群

果汁・碳酸類、甜味類・增添香氣、其他

萊姆汁、檸檬汁、柳橙汁、蘇打水、通寧水、薑汁汽水、砂糖、純糖漿、紅石榴糖漿、安格仕苦精、乳製品、蛋等。

➡詳情參照P.149~

雞尾酒是指從A~C群當中選擇2種以上的材料混合之後調製而成的飲料

其中有2個基本方程式

混合2種材料的方程式

→P.36

混合3種材料的方程式

→P.38

混合2種材料的方程式

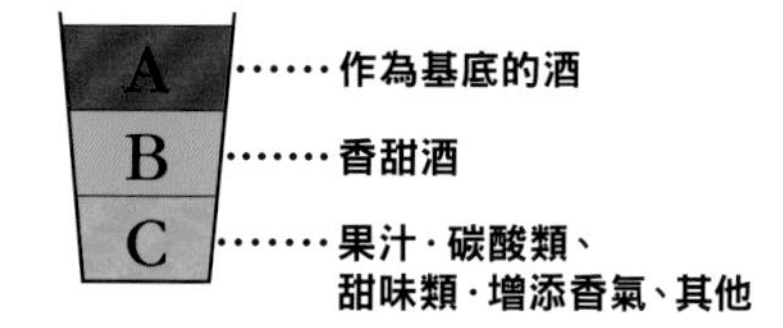

伏特加通寧 →P.92

最簡單又容易調製的單純組合

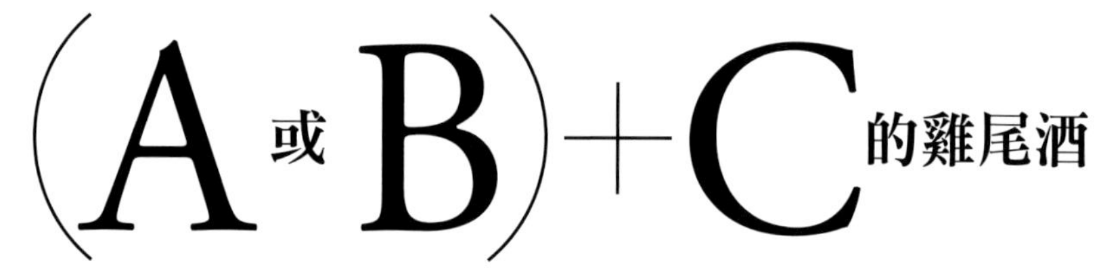

將作為基底的酒（或香甜酒）和
果汁・碳酸類
用酒杯（或雪克杯）混合均勻

本書中所介紹的代表性雞尾酒範例

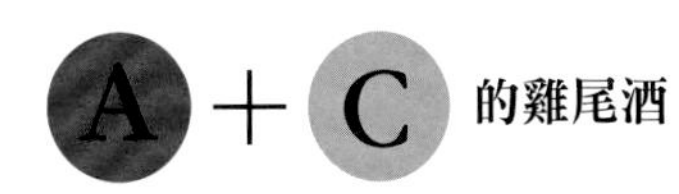

A＋C 的雞尾酒

B＋C 的雞尾酒

混合3種材料的方程式

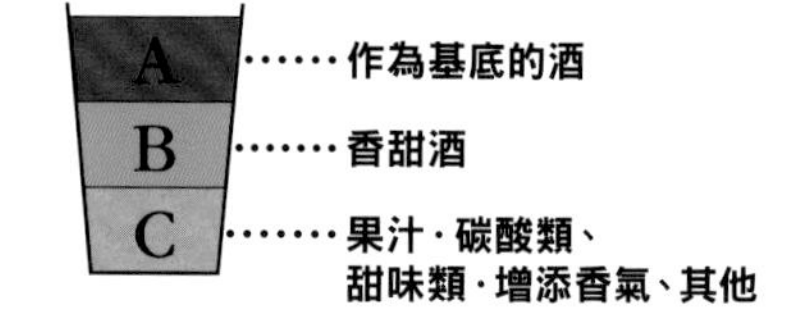

側車 （→P.171）

最正統的雞尾酒基本形

A＋B＋C的雞尾酒

將作為基底的酒、香甜酒和
果汁・碳酸類、甜味類・增添香氣
用雪克杯（或酒杯）混合均勻

本書中所介紹的代表性雞尾酒範例

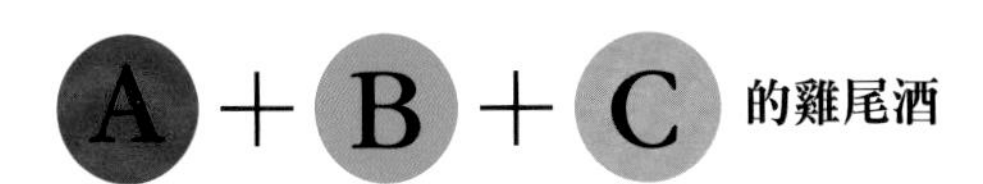

長飲型雞尾酒的調製方法

使用尺寸較大的酒杯，花較長的時間慢慢品飲的長飲型雞尾酒。除了「直調法」、「搖盪法」、「攪打法」這3個基本技法之外，「熱飲」的類型也包含在內。

〈範例〉

琴通寧 →P.69

乾型琴酒　　通寧水

材料的基本構造

A……作為基底的酒

B……香甜酒

C……果汁・碳酸類、甜味類・增添香氣、其他

●使用酒杯混合材料的基本技法

直調法 Build

➡詳情參照 P.225

在裝有冰塊的酒杯當中
倒入「作為基底的酒A（＋香甜酒B）」，
再倒入「材料C」，然後以吧叉匙攪拌。

範例

自由古巴
（P.109）

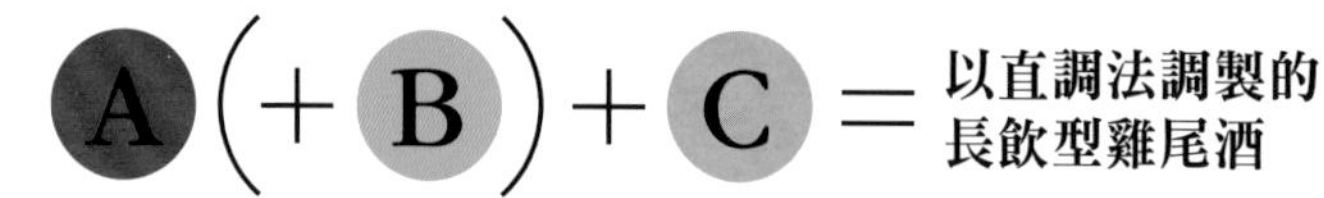

以直調法調製的
長飲型雞尾酒

●使用雪克杯混合材料的技法

搖盪法 Shake

➡詳情參照 P.226

琴費士
（P.70）

在雪克杯當中倒入「作為基底的酒A＋（香甜酒B）（果汁・甜味類・增添香氣C）」搖盪均勻，然後倒入裝有冰塊的酒杯中。也有再加入「碳酸類C」的類型。

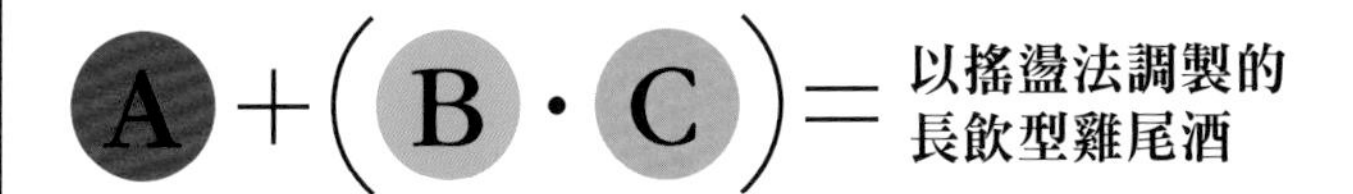

●調製霜凍類型雞尾酒的技法

攪打法 Blend

➡詳情參照 P.228

霜凍黛綺莉
（P.119）

在專用的電動攪拌機（或果汁機）當中倒入「作為基底的酒A＋（香甜酒B）（果汁・甜味類・增添香氣C）」和「碎冰」，攪打混合。

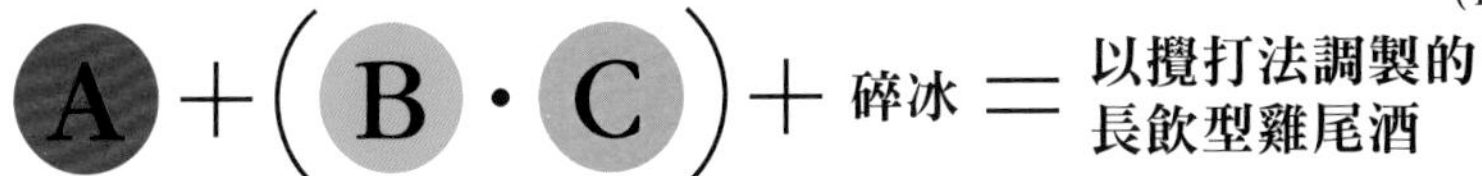

●溫熱的長飲類型

熱飲 Hot drink

範例

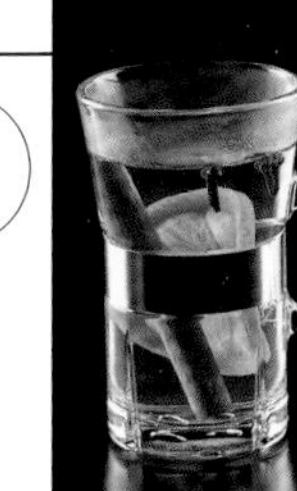

熱威士忌托迪
（P.163）

將「作為基底的酒A」和「甜味類・增添香氣C」摻兌熱水等，或是直接將A本身加熱。

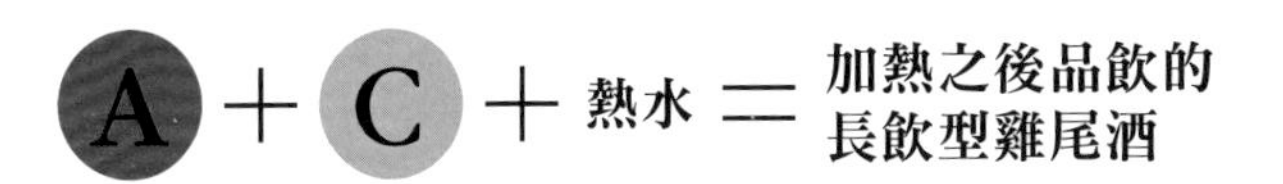

長飲型雞尾酒的類型

根據調製方法或材料的不同，長飲型雞尾酒有一些固定的類型。在此將從許多類型中，挑選具代表性的一一介紹。

加冰塊 On The Rocks

將材料倒入裝有冰塊的古典杯中調製而成的類型。將「馬丁尼」和「瑪格麗特」等短飲型雞尾酒以這種類型來品飲也很受歡迎。

▶法國仙人掌（P.133）

酷樂 Cooler

將檸檬汁或萊姆汁、糖漿等甜味加進烈酒當中，再加入蘇打水等碳酸飲料直到滿杯。「Cooler」的意思是「冰涼又感受到舒暢清爽的飲品」。

▶蘭姆酷樂（P.123）

可林斯 Collins

將檸檬汁和純糖漿（砂糖）加入烈酒當中，再加入蘇打水直到滿杯。與「費士」相似，但因為使用了「可林杯」調製，所以分量變多是它的特色。

▶湯姆可林斯（P.74）

沙瓦 Sour

將檸檬汁和砂糖等甜味加入烈酒當中調製而成。原則上不加入蘇打水。「Sour」的意思是酸的。

▶威士忌沙瓦（P.152）

司令 Sling

將檸檬汁和甜味加入烈酒當中，再加入礦泉水、蘇打水或薑汁汽水等直到滿杯。「Sling」源自於德文的「Schlingen」一字，為「吞嚥」之意。

▶琴司令（P.68）

高球 Highball

將烈酒或香甜酒等所有作為基底的酒，摻兌蘇打水、薑汁汽水、可樂或果汁類等調製而成的類型。

▶威士忌高球（P.153）

霸克 Buck

將檸檬汁加入烈酒當中，摻兌薑汁汽水調製而成的類型。「Buck」是「雄鹿」的意思，因其酒精濃度高而得此名。

▶波本霸克（P.160）

賓治 Punch

以葡萄酒或烈酒為基底，將香甜酒、水果、果汁等加入賓治酒缸中混合調製而成。雖是派對飲品，但也有1人份的酒譜。

▶莊園主賓治（P.118）

費士 Fizz

將檸檬汁和純糖漿（砂糖）加入烈酒或香甜酒當中搖盪均勻，倒入酒杯中，再加入蘇打水直到滿杯。「Fizz」的名稱是因碳酸氣體發出的吱吱聲而得名。

▶琴費士（P.70）

霜凍類型 Frozen Style

將材料連同碎冰一起放入攪拌機（或果汁機）中，攪打成雪酪狀的類型。有時也會加入結凍的水果製作。

▶霜凍瑪格麗特（P.134）

瑞奇 Ricky

將新鮮萊姆（新鮮檸檬）的汁液擠入酒杯中，然後把它直接放進酒杯，加入冰和烈酒之後摻兌蘇打水，也可以用攪拌棒一邊搗壓果肉一邊品飲。

▶伏特加瑞奇（P.93）

蛋酒 Egg Nogg

將蛋、牛奶、砂糖等加入白蘭地或蘭姆酒之類的烈酒當中調製而成的類型。原本是美國南方的聖誕節飲品，有「熱飲」和「冷飲」，也可以調製成無酒精飲品。

▶白蘭地蛋酒（P.176）

茱莉普 Julep

將薄荷葉、砂糖、水（或蘇打水）放入酒杯中，用吧叉匙一邊壓搗薄荷葉一邊讓砂糖溶解，裝滿碎冰之後加入烈酒或葡萄酒，攪拌均勻調製而成的類型。

▶蘭姆茱莉普（P.124）

戴茲 Daisy

將柑橘類的果汁、糖漿或香甜酒等加入烈酒當中，然後倒入裝滿碎冰的高腳杯等杯具中調製而成。英文「Daisy」是「雛菊（或絕佳的東西）」之意。

▶琴戴茲（P.68）

托迪 Toddy

將砂糖放入平底杯或古典杯中，倒入烈酒後，再倒入水或熱水直到滿杯。在英國，很久以前就是以熱飲型雞尾酒而受到喜愛。

▶威士忌托迪（P.153）

費克斯 Fix

將柑橘類的果汁、糖漿，或是香甜酒加入烈酒當中調製而成。在尺寸較大的平底杯或高腳杯中裝滿碎冰，並附上水果和吸管。

▶琴費克斯（P.70）

芙萊蓓 Frappé

在雞尾酒杯或碟型香檳杯中裝滿碎冰，然後倒入香甜酒調製而成。也有將材料連同碎冰一起搖盪均勻調製而成的類型。

▶薄荷芙萊蓓（P.194）

長飲型雞尾酒的類型分析圖

只需更換基酒或副材料就能變成另一款雞尾酒，像這樣的雞尾酒有很多，這是長飲型雞尾酒的特色。在此將介紹由共通的類型但以不同的基酒所衍生出的酒款或味道的變化。

★將基酒更換成伏特加的話就變成「伏特加費士」，更換成威士忌的話就變成「威士忌費士」，更換成哈密瓜香甜酒的話就變成「哈密瓜費士」，更換成紫羅蘭香甜酒的話就變成「紫羅蘭費士」等等。

以「霸克類型（P.42）」為例：

波本威士忌 ＋ 檸檬汁 ＋ 薑汁汽水 ＝ 波本霸克（P.160）

將基酒更換成

→ 乾型琴酒 的話 ＝ 琴霸克（P.69）

同樣更換成

→ 伏特加 的話 ＝ 伏特加霸克

→ 蘭姆酒 的話 ＝ 蘭姆霸克

→ 龍舌蘭 的話 ＝ 龍舌蘭霸克

→ 威士忌 的話 ＝ 威士忌霸克

以「瑞奇類型（P.43）」為例：

乾型琴酒 ＋ 新鮮萊姆 ＋ 蘇打水 ＝ 琴瑞奇（P.71）

將基酒更換成

→ 伏特加 的話 ＝ 伏特加瑞奇（P.93）

同樣更換成

→ 蘭姆酒 的話 ＝ 蘭姆瑞奇

→ 龍舌蘭 的話 ＝ 龍舌蘭瑞奇

→ 威士忌、白蘭地 的話 ＝ 威士忌瑞奇
白蘭地瑞奇

→ 梅酒 的話 ＝ 梅酒瑞奇

→ 櫻桃香甜酒 的話 ＝ 櫻桃瑞奇

以「加冰塊類型（P.42）」為例：

威士忌 ＋ 阿瑪雷托 ＝ 教父（P.157）

將基酒更換成

- 白蘭地 的話 ＝ 霹靂神探（P.178）
- 伏特加 的話 ＝ 教母（P.97）

以「酷樂類型（P.42）」為例：

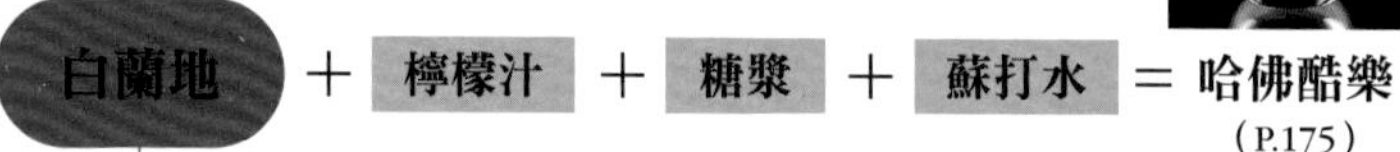

（P.175）

將基酒更換成

- 蘇格蘭威士忌 的話 ＝ 高原酷樂（P.161）
- 乾型琴酒 ＋ 綠薄荷香甜酒 的話 ＝ 翡翠酷樂（P.60）
- 杏桃白蘭地、
  糖漿更換成 紅石榴糖漿 的話 ＝ 杏桃酷樂（P.181）
- 蘭姆酒（白）、
  果汁更換成 萊姆汁、
  糖漿更換成 紅石榴糖漿 的話 ＝ 蘭姆酷樂（P.123）

香檳衍生出的（氣泡葡萄酒）變化款

只需將材料倒入酒杯中混合即可

與柳橙汁
混合就成了

含羞草
（P.203）

與NECTAR水蜜桃汁
混合就成了

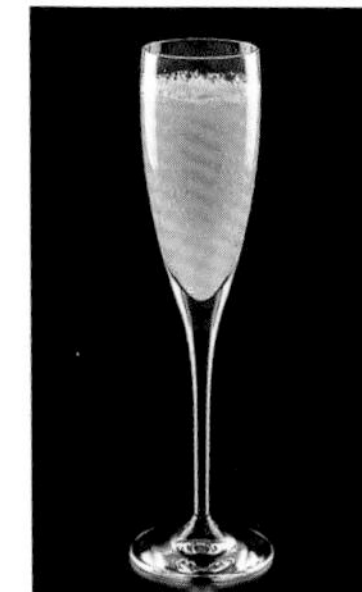
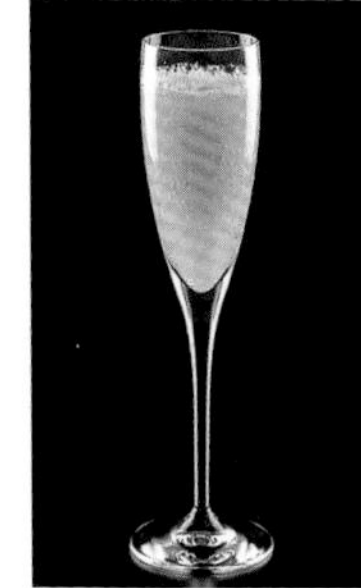

貝里尼
（P.202）

與黑醋栗香甜酒
混合就成了

皇家基爾
（P.198）

與荔枝香甜酒
混合就成了

荔汁氣泡葡萄酒

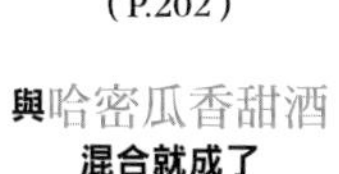

與哈密瓜香甜酒
混合就成了

綠色含羞草

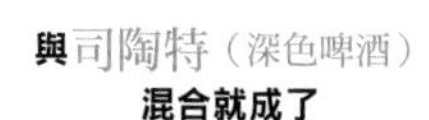

與司陶特（深色啤酒）
混合就成了

黑色天鵝絨
（P.208）

其他

- **與**葡萄柚汁**混合就成了**　**白色含羞草**（P.202）
- **與**覆盆子香甜酒**混合就成了**　**帝國基爾**
- **與**保樂茴香香甜酒**混合就成了**　**海明威**
- **與**白蘭地**混合就成了**　**一劍刺入**（Pousse Rapière）

短飲型雞尾酒的調製方法

倒入雞尾酒杯中，趁冰涼的時候在短時間內享用的短飲型雞尾酒。有「搖盪法」和「攪拌法」這兩種基本技法。

短飲型雞尾酒的酒譜分量

在本書當中，「短飲型雞尾酒」使用的材料基本上合計為「60mℓ」。這是因為根據「搖盪法」或「攪拌法」，冰塊溶化後會變成「大約70mℓ」，而這剛好變成作為基準的「容量90mℓ」雞尾酒杯8分滿左右的分量。此外，根據酒譜，雖然有時候材料的標記不是「mℓ」，而是以「½」、「¼」、「¾」這樣的分數來表示，但是遇到那種狀況時基本上還是以合計為「60mℓ」來計算。

〈例〉

側車

白蘭地…………½（30mℓ）
白庫拉索酒……¼（15mℓ）
檸檬汁…………¼（15mℓ）

＊將材料搖晃均勻，然後倒入雞尾酒杯中。

●使用雪克杯混合材料的基本技法

搖盪法 Shake ➡詳情參照 P.226

範例

在雪克杯當中裝入冰塊，倒入
「作為基底的酒A＋（香甜酒B）（材料C）」
搖晃均勻。

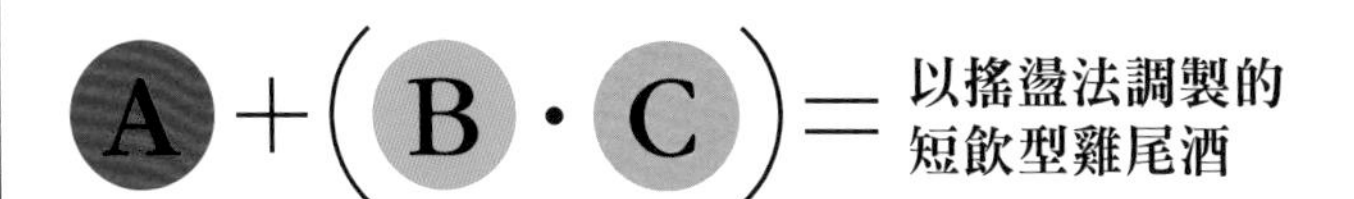

百加得
（P.116）

●使用攪拌杯混合材料的技法

攪拌法 Stir ➡詳情參照 P.227

範例

在攪拌杯當中倒入
「作為基底的酒A＋（香甜酒B）（材料C）」，
以吧叉匙混合攪拌。

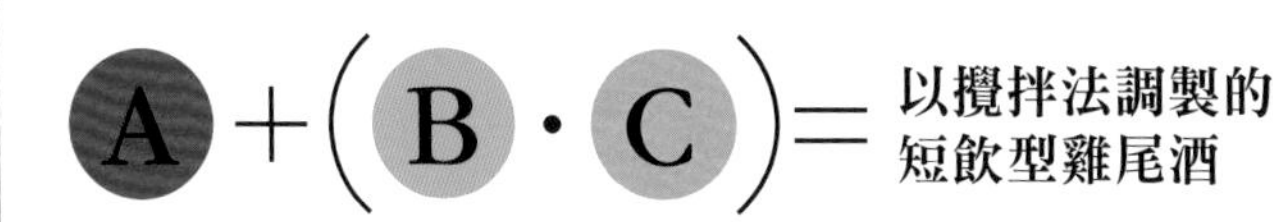

蘇格蘭裙
（P.158）

分量多的短飲型雞尾酒所使用的酒杯

如「三葉草俱樂部（P.64）」、「粉紅佳人（P.79）」、「白玫瑰（P.83）」、「聖日耳曼（P.185）」等雞尾酒一般，材料合計超過60mℓ以上時，要使用大型雞尾酒杯、葡萄酒杯或香檳杯等容量比較大的酒杯。

白玫瑰

乾型琴酒……………45mℓ
瑪拉斯奇諾櫻桃酒……15mℓ
柳橙汁………………15mℓ
檸檬汁………………15mℓ
蛋白…………………1個

＊將材料搖晃均勻，然後倒入容量較大的雞尾酒杯中。

→P.83

短飲型雞尾酒的變化款

只需更換基酒，雞尾酒名稱就會產生豐富的變化，這是短飲型雞尾酒的特色。在此將分成搖盪法和攪拌法兩大類，分別介紹具有代表性的範例。

其他

●毒刺（P.173）的變化款

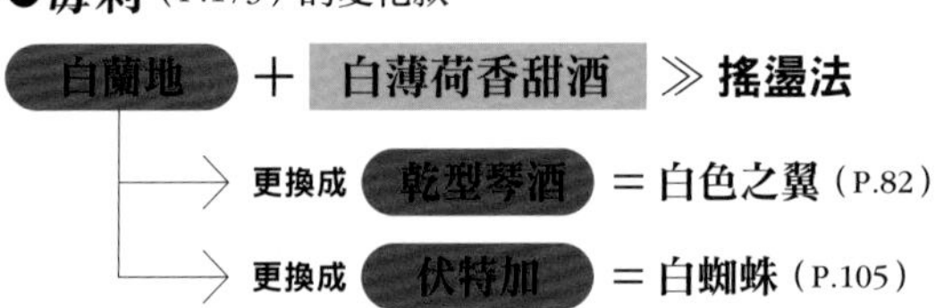

●亞歷山大（P.168）的變化款

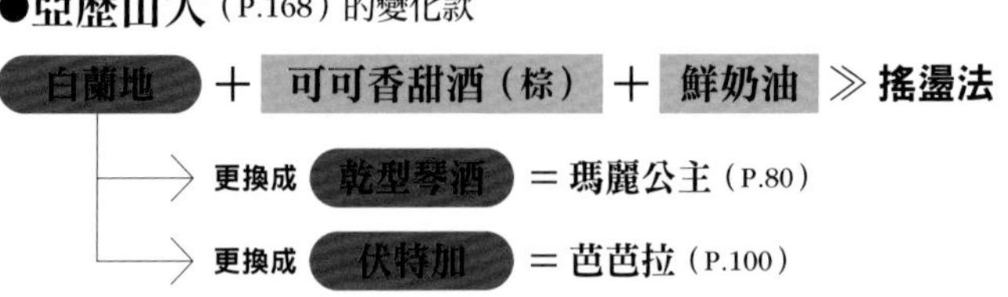

[巴拉萊卡]

伏特加 ＋  白庫拉索酒 ＋  檸檬汁 → 

→P.101

[X.Y.Z.]

白蘭姆酒 ＋  白庫拉索酒 ＋ 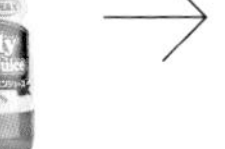 檸檬汁 → 

→P.108

[側車]

白蘭地 ＋  白庫拉索酒 ＋  檸檬汁 → 

→P.171

[威士忌側車]

※將威士忌30㎖、白庫拉索酒15㎖、檸檬汁15㎖搖晃均勻。

威士忌 ＋  白庫拉索酒 ＋  檸檬汁 → 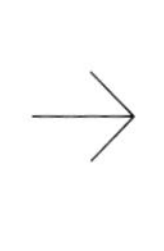 

攪拌法 所調製的短飲型雞尾酒範例❶

[曼哈頓]的變化款

→P.165

裸麥威士忌

或波本威士忌

＋

甜香艾酒

更換基酒的話

更換香艾酒的話

[不甜曼哈頓]

裸麥威士忌
或波本威士忌

＋

不甜香艾酒

→

→P.165

[半甜曼哈頓]

裸麥威士忌
或波本威士忌

＋

不甜&甜香艾酒

→

→P.165

[羅伯洛伊]

蘇格蘭威士忌

＋

甜香艾酒

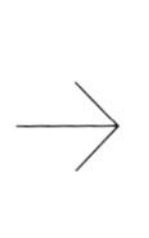

→

→P.167

[卡蘿]

白蘭地

＋

甜香艾酒

→

→P.170

[小公主]

蘭姆酒

＋

甜香艾酒

→

→P.125

[龍舌蘭曼哈頓]

龍舌蘭

＋

甜香艾酒

→

→P.132

攪拌法 所調製的短飲型雞尾酒範例❷

[馬丁尼] 的變化款

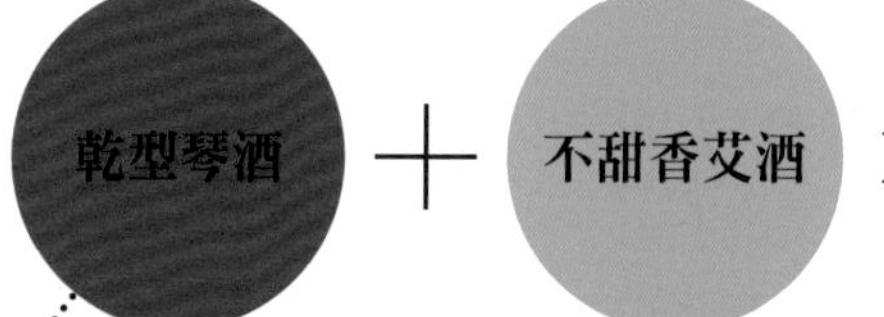

≫ 攪拌法

更換基酒的話

更換成

伏特加

伏特加馬丁尼

更換成

龍舌蘭

龍舌蘭馬丁尼

※基酒若是更換成「日本酒」就成了「清酒丁尼」，更換成「燒酎」的話，就成了「燒酎丁尼」。

更換香艾酒的話

更換成

甜香艾酒

甜馬丁尼

更換成

不甜＆甜香艾酒

半甜馬丁尼

更換成

麥芽威士忌

煙燻馬丁尼

減少比例的

不甜香艾酒

不甜馬丁尼

第2章

雞尾酒目錄

琴酒雞尾酒

Gin Base Cocktails

琴酒雞尾酒是屬於雞尾酒品項最多，大眾接受度最高的一款。
市面上主要流行的，是以能充分利用乾型琴酒特有的清爽香味調製而成的酒。

Earthquake
地震

40度 辛口 搖盪法

以地震為名，酒精濃度相當高的雞尾酒。因為喝了之後，酒力會強到讓身體搖搖晃晃，因而取了這個酒名。可以說是一款適合嗜酒者品飲的辛口雞尾酒。

乾型琴酒……………………………………20mℓ
威士忌………………………………………20mℓ
保樂茴香香甜酒……………………………20mℓ

將材料搖晃均勻，然後倒入雞尾酒杯中。

Ideal
典範

30度 中口 搖盪法

在不甜的琴酒和不甜的香艾酒當中，添加了葡萄柚的酸味和瑪拉斯奇諾櫻桃酒的芳香，可以說是一款「馬丁尼（P.83）」變化版的雞尾酒。因為甜度降低，口感清爽，推薦作為餐前酒品飲。

- 乾型琴酒……40mℓ
- 不甜香艾酒……20mℓ
- 葡萄柚汁……1 tsp
- 瑪拉斯奇諾櫻桃酒……3 dashes

將材料搖晃均勻，然後倒入雞尾酒杯中。

Aoi Sangoshou
青色珊瑚礁

33度 中口 搖盪法

這是1950年「第2屆日本飲料大賽」榮獲第1名的作品。創作者是名古屋市的鹿野彥司先生。在琴酒和薄荷香甜酒清爽的味道中散發出檸檬的香氣。

- 乾型琴酒……40mℓ
- 綠薄荷香甜酒……20mℓ
- 檸檬（潤杯用）、瑪拉斯奇諾櫻桃、薄荷葉

將材料搖晃均勻，倒入已經用檸檬在杯緣做過潤杯（P.229）的雞尾酒杯中，然後將瑪拉斯奇諾櫻桃沉入杯底，以薄荷葉為裝飾。

Aviation
飛行

30度 辛口 搖盪法

Aviation是「飛行、飛機」等意思。這是一款帶有檸檬的酸味、口感乾澀的辛口雞尾酒，瑪拉斯奇諾櫻桃酒的甜美芳香為這杯酒增添了特殊風味。

- 乾型琴酒……45mℓ
- 檸檬汁……15mℓ
- 瑪拉斯奇諾櫻桃酒……1 tsp

將材料搖晃均勻，然後倒入雞尾酒杯中。

Abbey

修道院

28度　中口　搖盪法

這是在「橙花（P.61）」的爽快感當中，增添了柑橘苦精的苦味帶來特殊風味的中口雞尾酒。深邃的果香味道，也推薦作為餐前酒品飲。

乾型琴酒……40mℓ
柳橙汁……20mℓ
柑橘苦精……1 dash
瑪拉斯奇諾櫻桃

將材料搖晃均勻，然後倒入雞尾酒杯中，依個人喜好用瑪拉斯奇諾櫻桃來裝飾。

Appetizer

開胃酒

24度　中口　搖盪法

Appetizer是餐前酒之意。以柳橙的風味和多寶力香甜酒的甜味調製出口感柔和的雞尾酒。也有些酒譜在調製時省略柳橙汁。

乾型琴酒……30mℓ
多寶力香甜酒……15mℓ
柳橙汁……15mℓ

將材料搖晃均勻，然後倒入雞尾酒杯中。

Around The World

環遊世界

30度　中口　搖盪法

酒名是「繞世界一圈」的意思，這是一杯淺綠色澤令人留下深刻印象的中口雞尾酒。以鳳梨隱約的酸味和薄荷香甜酒清涼的香氣，調製出清爽口感。

乾型琴酒……40mℓ
綠薄荷香甜酒……10mℓ
鳳梨汁……10mℓ
綠櫻桃

將材料搖晃均勻，然後倒入雞尾酒杯中，將綠櫻桃沉入杯底。

Alaska
阿拉斯加

40度 中口 搖盪法

這是倫敦「薩伏伊飯店」的調酒師哈利．克拉多克創作的一款雞尾酒。酸味和甜味調合出豐富的味道，喝起來很順口，但是酒精濃度相當高。

乾型琴酒……45mℓ
夏翠絲黃寶香甜酒……15mℓ

將材料搖晃均勻，然後倒入雞尾酒杯中。

Alexander's Sister
亞歷山大姊姊

25度 甘口 搖盪法

這是「亞歷山大（P.168）」的變化款，因為有著薄荷的香氣和濃稠的奶味，成為廣受女性喜愛的甘口雞尾酒。也推薦作為餐後酒品飲。

乾型琴酒……30mℓ
綠薄荷香甜酒……15mℓ
鮮奶油……15mℓ

將材料充分搖晃均勻，然後倒入雞尾酒杯中。

Asian Way

亞洲之道

30度 中口 攪拌法

在琴酒當中添加了紫羅蘭香甜酒的甜美味道，調製出爽快順口的中口雞尾酒。紫羅蘭香甜酒妖豔的色調醞釀出浪漫的氣氛。

乾型琴酒……40mℓ
紫羅蘭香甜酒……20mℓ
檸檬皮……少許

將材料倒入攪拌杯中攪拌均勻，然後倒入裝有碎冰的酒杯中，將檸檬皮浮在上面。

Emerald Cooler

翡翠酷樂

7度 中口 搖盪法

這款將綠薄荷香甜酒和檸檬汁摻兌蘇打水調製而成的雞尾酒，以清爽的口感為特徵。令人聯想到寶石的翡翠綠，充滿透明感，十分美麗。

乾型琴酒……30mℓ
綠薄荷香甜酒……15mℓ
檸檬汁……15mℓ
純糖漿……1 tsp
蘇打水……適量
瑪拉斯奇諾櫻桃

將蘇打水以外的材料搖晃均勻，倒入裝有冰塊的酒杯中，再加入冰鎮蘇打水直到滿杯，然後輕輕攪拌一下，以瑪拉斯奇諾櫻桃為裝飾。

Orange Fizz

柳橙費士

14度 中口 搖盪法

在廣受歡迎的「琴費士（P.70）」當中加進了柳橙汁，調製出更有水果風味的雞尾酒。如果不加入純糖漿，降低這杯調酒的甜度也OK。

乾型琴酒……45mℓ
柳橙汁……20mℓ
檸檬汁……15mℓ
純糖漿……1 tsp
蘇打水……適量

將蘇打水以外的材料搖晃均勻，倒入裝有冰塊的酒杯中，再加入冰鎮蘇打水直到滿杯，然後輕輕攪拌一下。

Orange Blossom

橙花

24度 中口 搖盪法

Orange Blossom是「橙花」之意。據說這款雞尾酒的起源是在美國禁酒令時期利用柳橙汁掩蓋劣質琴酒的氣味而調製出來的。充滿水果風味的味道，特別推薦作為餐前酒品飲。

乾型琴酒 …………………… 40mℓ
柳橙汁 ……………………… 20mℓ

將材料搖晃均勻，然後倒入雞尾酒杯中。

Casino

賭城

因為使用了1杯份的琴酒，所以調製出酒精濃度非常高的辛口雞尾酒。瑪拉斯奇諾櫻桃酒和柑橘苦精的芳香，襯托出琴酒的風味。

乾型琴酒 …………………… 60mℓ
瑪拉斯奇諾櫻桃酒 …… 2 dashes
柑橘苦精 ……………… 2 dashes
檸檬汁 ………………… 2 dashes
橄欖（或瑪拉斯奇諾櫻桃）

將材料倒入攪拌杯中攪拌均勻，然後倒入雞尾酒杯中，以用雞尾酒叉刺入的橄欖（或瑪拉斯奇諾櫻桃）為裝飾。

Caruso

卡羅素

據說是以活躍於19世紀末至20世紀初期的義大利歌劇歌唱家恩利科・卡羅素為名所調製的雞尾酒。薄荷香甜酒的綠色讓外觀看起來也很清爽。

乾型琴酒 …………………… 30mℓ
不甜香艾酒 ………………… 15mℓ
綠薄荷香甜酒 ……………… 15mℓ

將材料倒入攪拌杯中攪拌均勻，然後倒入雞尾酒杯中。

Kiwi Martini

奇異果馬丁尼

25度　中口　搖盪法

這是可以享受到新鮮奇異果的天然色澤和水果味道的雞尾酒。如果擔心甜度的話，不加入純糖漿也OK。奇異果也可以換成鳳梨或水蜜桃等。

- 乾型琴酒……45mℓ
- 新鮮奇異果……$\frac{1}{2}$個
- 純糖漿……$\frac{1}{2}$～1 tsp

先預留裝飾用的奇異果，其餘的部分切碎之後，與其他的材料一起搖晃均勻，然後倒入尺寸較大的雞尾酒杯中，以奇異果為裝飾。

Kiss In The Dark

黑夜之吻

以「在黑暗中親吻」為名，帶有浪漫印象的雞尾酒。琴酒和櫻桃白蘭地醞釀出甜而刺激的味道，香艾酒則使味道更加深邃。

- 乾型琴酒……30mℓ
- 櫻桃白蘭地……30mℓ
- 不甜香艾酒……1 tsp

將材料搖晃均勻，然後倒入雞尾酒杯中。

Gibson

吉普森

這是一款超辛口，適合成人口味的雞尾酒，非常受歡迎。酒譜中，除了裝飾物以外，與「馬丁尼（P.83）」的材料相同，但是與標準的馬丁尼相比，琴酒的比例更多，調製出的口感變得更乾澀。

- 乾型琴酒……50mℓ
- 不甜香艾酒……10mℓ
- 珍珠洋蔥

將材料倒入攪拌杯中攪拌均勻，然後倒入雞尾酒杯中，將珍珠洋蔥沉入杯底。

Gimlet
琴蕾

30度 中口 搖盪法

這是因「現在喝琴蕾還太早了點。」（雷蒙・錢德勒《漫長的告別》）這句對白而聞名的雞尾酒。Gimlet是木匠的工具「螺絲錐子」的意思。雖然材料很簡單，但是口感如螺絲錐子一樣，以銳利爽快的味道為特色。

乾型琴酒……45mℓ
萊姆汁（萊姆糖漿）……15mℓ

將材料搖晃均勻，然後倒入雞尾酒杯中。

Claridge
克拉里奇

28度 中口 搖盪法

這是巴黎「克拉里奇飯店」的特調雞尾酒。在琴酒和香艾酒的乾澀味中，加進了香甜酒的水果風味調製而成的餐後雞尾酒。

乾型琴酒……20mℓ
不甜香艾酒……20mℓ
杏桃白蘭地……10mℓ
君度橙酒……10mℓ

將材料搖晃均勻，然後倒入雞尾酒杯中。

Green Alaska
綠色阿拉斯加

39度 辛口 搖盪法

由倫敦「薩伏伊飯店」的哈利・克拉多克創作的酒品。這款雞尾酒適合口感爽快的品酒老手，以使用夏翠絲黃寶香甜酒調製的「阿拉斯加（P.59）」為藍本。

乾型琴酒……45mℓ
夏翠絲綠寶香甜酒……15mℓ

將材料搖晃均勻，然後倒入雞尾酒杯中。

Clover Club
三葉草俱樂部
17度 中口 搖盪法

紅石榴糖漿的粉紅色很鮮豔，是一款具有代表性的俱樂部雞尾酒（正餐時代替前菜或湯品上桌的雞尾酒）。甜味和酸味融合得恰到好處。

乾型琴酒……36mℓ
萊姆汁（或檸檬汁）……12mℓ
紅石榴糖漿……12mℓ
蛋白……1個

將所有材料充分搖晃均勻，然後倒入尺寸較大的雞尾酒杯或是碟型香檳杯中。

Golden Screw
金色螺絲
10度 中口 直調法

將「螺絲起子（P.98）」的伏特加更換成琴酒，加入安格仕苦精調製而成。味道就像果汁一樣清爽，喝起來很順口。

乾型琴酒……40mℓ
柳橙汁……100～120mℓ
安格仕苦精……1 dash
柳橙片

將材料倒入裝有冰塊的古典杯中充分攪拌均勻，然後以柳橙片為裝飾。

Golden Fizz
黃金費士
12度 中口 搖盪法

「琴費士（P.70）」的變化款之一，因為加入了蛋黃，所以調製出味道濃厚的費士。為了能夠混合均勻，充分地搖晃材料是十分重要的。

乾型琴酒……45mℓ
檸檬汁……20mℓ
純糖漿……1～2 tsp
蛋黃……1個
蘇打水……適量

將蘇打水以外的材料充分搖晃均勻，倒入平底杯中，加入冰塊之後再加入冰鎮蘇打水直到滿杯，然後輕輕攪拌一下。

Zaza
莎莎

27度 中口 攪拌法

以琴酒和加味葡萄酒組合成香味豐富的雞尾酒。如果去掉安格仕苦精，並且擠壓檸檬皮噴附皮油，就成了「多寶力雞尾酒」。

- 乾型琴酒……30mℓ
- 多寶力香甜酒……30mℓ
- 安格仕苦精……1 dash

將材料倒入攪拌杯中攪拌均勻，然後倒入雞尾酒杯中。

Sapphirine Cool
藍鑽冰飲

39度 中口 搖盪法

這一杯調酒是1990年「Etoile de Bisquit百世爵之星雞尾酒大賽」的得獎作品。如同藍寶石一般的神祕藍色令人印象深刻。品飲之前，要擠壓檸檬皮噴附皮油。

- 乾型琴酒……25mℓ
- 君度橙酒……15mℓ
- 葡萄柚汁……15mℓ
- 藍庫拉索酒……1 tsp
- 檸檬皮

將材料搖晃均勻，然後倒入雞尾酒杯中，以檸檬皮為裝飾。

James Bond Martini
詹姆士龐德馬丁尼

36度 辛口 搖盪法

詹姆士．龐德在《007》電影當中調製的原創雞尾酒。以添加伏特加之後搖晃均勻為特色。白麗葉開胃酒（甘口的開胃葡萄酒）改用不甜香艾酒代替也OK。

- 乾型琴酒……40mℓ
- 伏特加……10mℓ
- 白麗葉開胃酒（P.145）……10mℓ
- 檸檬皮

將材料搖晃均勻，然後倒入雞尾酒杯中，以檸檬皮為裝飾。

City Coral

城市珊瑚

9度 中口 搖盪法

這是1984年「日本全國雞尾酒大賽」的優勝作品，也是代表日本在「國際雞尾酒大賽」中展出的作品，創作者是上田和男先生。霜環杯的淺藍色和哈密瓜香甜酒的鮮綠色，讓人想起南方島嶼的礁湖。

乾型琴酒……………………………………20mℓ
蜜多麗（哈密瓜香甜酒）…………………20mℓ
葡萄柚汁……………………………………20mℓ
藍庫拉索酒…………………………………1 tsp
通寧水………………………………………適量

將通寧水以外的材料搖晃均勻，倒入已經做成霜環杯（P.229）並且裝有冰塊的笛型香檳杯中，再加入冰鎮通寧水直到滿杯，然後輕輕攪拌一下。

Silver Fizz

銀色費士

將「黃金費士（P.64）」的蛋黃更換成蛋白調製而成的費士類型雞尾酒。因為加入了蛋白，所以要充分搖晃均勻。在清爽的口感當中帶有一絲酸味和甘味。

乾型琴酒……………………………………45mℓ
檸檬汁………………………………………20mℓ
純糖漿………………………………1～2 tsp
蛋白…………………………………………1個
蘇打水………………………………………適量

將蘇打水以外的材料充分搖晃均勻，倒入平底杯中，加入冰塊之後再加入冰鎮蘇打水直到滿杯，然後輕輕攪拌一下。

Gin & Apple

琴蘋果

15度 中口 直調法

只需將琴酒和蘋果汁倒入酒杯中混合即可完成的簡易雞尾酒。充滿水果風味的甜度喝起來很舒暢。果汁改用葡萄柚汁來調製也OK。

乾型琴酒……………30～45mℓ
蘋果汁……………………適量

將琴酒倒入裝有冰塊的酒杯中，再加入冰鎮蘋果汁直到滿杯，然後輕輕攪拌一下。

Gin&It

義式琴酒

一般認為這杯調酒是「馬丁尼」的原型，屬於酒譜簡單的古典雞尾酒。原本的風格是琴酒和香艾酒都不用冰鎮。也可以倒入攪拌杯中攪拌之後再飲用。

乾型琴酒……………………30mℓ
甜香艾酒……………………30mℓ

將琴酒和甜香艾酒分別以相同的分量倒入雞尾酒杯中。

Gin Cocktail

琴酒雞尾酒

40度 辛口 攪拌法

這是以近似純飲乾型琴酒的形式品飲，酒精濃度很高的雞尾酒。以柑橘苦精和檸檬皮增添香氣是重點所在。

乾型琴酒……………………60mℓ
柑橘苦精……………2 dashes
檸檬皮

將材料倒入攪拌杯中攪拌均勻，然後倒入雞尾酒杯中，擠壓檸檬皮噴附皮油。

Gin Sour
琴沙瓦

24度 中口 搖盪法

Sour這個詞代表的意思是「酸的」，若是更換基酒的話就會變成各種不同的沙瓦。利用檸檬汁剛剛好的酸味，調製出口感很好的雞尾酒。

乾型琴酒……45mℓ
檸檬汁……20mℓ
純糖漿……1 tsp
瑪拉斯奇諾櫻桃、檸檬片

將材料搖晃均勻，然後倒入沙瓦杯中，以瑪拉斯奇諾櫻桃和檸檬片為裝飾。

Gin Sling
琴司令

14度 中口 直調法

這是將添加了甜味的琴酒摻兌蘇打水稀釋而成的雞尾酒，風格老派。通常取名為「司令」的雞尾酒都會加入檸檬汁，但是這款酒品沒有使用檸檬汁。

乾型琴酒……45mℓ
砂糖……1 tsp
蘇打水（或冷水）……適量

將琴酒和砂糖放入平底杯中充分攪拌均勻，加入冰塊之後再加入冰鎮蘇打水（或冷水）直到滿杯，然後輕輕攪拌一下。

Gin Daisy
琴戴茲

22度 中口 搖盪法

帶有透明感的淺粉紅色和薄荷葉，十分有清涼感的長飲型雞尾酒。使用相同的調製方法，將基酒更換成蘭姆酒、威士忌或白蘭地，就成了各種不同的「戴茲」。

乾型琴酒……45mℓ
檸檬汁……20mℓ
紅石榴糖漿……2 tsp
檸檬片、薄荷葉

將材料搖晃均勻，然後倒入裝有碎冰的酒杯中，以檸檬片和薄荷葉為裝飾。

Gin & Tonic
琴通寧

14度 中口 直調法

萊姆（或檸檬）的酸味搭配通寧水的些微苦味，調製出充滿爽快感的飲品。近來，加入各半量的通寧水和蘇打水，被稱為「琴蘇寧（Gin Sonic）」的雞尾酒也很受歡迎。

乾型琴酒……………………45mℓ
通寧水……………………適量
萊姆角（或檸檬角）

將乾型琴酒倒入裝有冰塊的酒杯中，擠入萊姆角（或檸檬角）的汁液並將它放人酒杯中，再加入冰鎮通寧水直到滿杯，然後輕輕攪拌。

Gin Buck
琴霸克

這是一杯將琴酒和檸檬汁摻兌薑汁汽水，充滿清涼感的長飲型雞尾酒。又稱為「倫敦霸克」。相同類型的雞尾酒有蘭姆霸克、白蘭地霸克等。

乾型琴酒……………………45mℓ
檸檬汁……………………20mℓ
薑汁汽水……………………適量
檸檬片

將琴酒和檸檬汁倒入裝有冰塊的平底杯中，再加入冰鎮薑汁汽水直到滿杯，然後輕輕攪拌一下，以檸檬片為裝飾。

Gin & Bitters
琴苦酒

在琴酒當中加進安格仕苦精的苦味調製而成的辛口雞尾酒。也有酒譜是把冰鎮琴酒倒入已經做過潤杯的雪莉杯中。

乾型琴酒……………………60mℓ
安格仕苦精………2～3 dashes

將安格仕苦精抖振在古典杯中，轉動一下酒杯讓苦精在內側潤杯（P.229），然後倒掉多餘的苦精。加入冰塊之後倒入琴酒，然後輕輕攪拌一下。

Gin Fizz

琴費士

14度　中口　搖盪法

這是費士類型（P.43）長飲型雞尾酒的代表性飲品。檸檬的酸味帶出琴酒的味道，調製出簡單又順口的味道。甜度可依個人喜好增減。

- 乾型琴酒……45mℓ
- 檸檬汁……20mℓ
- 純糖漿……1～2 tsp
- 蘇打水……適量
- 檸檬角、瑪拉斯奇諾櫻桃

將蘇打水以外的材料搖晃均勻，倒入裝有冰塊的酒杯中，再加入冰鎮蘇打水直到滿杯，然後輕輕攪拌一下。依個人喜好以檸檬角和瑪拉斯奇諾櫻桃為裝飾。

Gin Fix

琴費克斯

28度　中口　直調法

所謂「費克斯」指的是加入了柑橘類的果汁和甜味（或香甜酒）調製而成的沙瓦類飲品。藉由恰到好處的甜度和酸味，可以享用到充滿爽快感的味道。

- 乾型琴酒……45mℓ
- 檸檬汁……20mℓ
- 純糖漿……2 tsp
- 萊姆片（或檸檬片）

將材料倒入酒杯中混合，裝滿碎冰之後靜靜地攪拌，以萊姆片（或檸檬片）為裝飾，並且附上吸管。

Gin & Lime

琴萊姆

30度　中口　直調法

將「琴蕾（P.63）」調製成加冰塊類型的飲品。如果是以擠壓新鮮萊姆的汁液等作法，使用不甜的萊姆汁的話，也可以加入少量的純糖漿。

- 乾型琴酒……45mℓ
- 萊姆汁（萊姆糖漿）……15mℓ

將乾型琴酒和萊姆汁倒入裝有冰塊的古典杯中，然後輕輕攪拌一下。

Gin Rickey
琴瑞奇

14度　辛口　直調法

只需擠入新鮮萊姆的汁液，再以琴酒和蘇打水稀釋即可的辛口長飲型雞尾酒。以清爽的強烈酸味為特色。也可以一邊以攪拌棒搗壓萊姆，一邊調整成個人喜歡的酸味。

乾型琴酒……45mℓ
新鮮萊姆……½個
蘇打水……適量

擠入新鮮萊姆的汁液，並且直接將萊姆放入酒杯中，加入冰塊之後倒入乾型琴酒，再加入冰鎮蘇打水直到滿杯，最後附上攪拌棒。

Singapore Sling
新加坡司令

17度　中口　搖盪法

這是1915年在新加坡的名門飯店「萊佛士飯店」設計出來的一款酒品，是在全世界都廣受歡迎的雞尾酒。琴酒的舒暢口感和櫻桃白蘭地豐富的香氣是最完美的結合。

乾型琴酒……45mℓ
櫻桃白蘭地……20mℓ
檸檬汁……20mℓ
蘇打水……適量
檸檬片、柳橙片、瑪拉斯奇諾櫻桃

將蘇打水以外的材料搖晃均勻後倒入有冰塊的酒杯，加入冰鎮蘇打水至滿杯，輕輕攪拌，以柳橙和瑪拉斯奇諾櫻桃等為裝飾。

Strawberry Martini
草莓馬丁尼

25度　中口　搖盪法

可以享受草莓的天然色調合風味的新鮮雞尾酒。用來增加甜味的純糖漿，不加也OK。相同的調製方法，也可以改用鳳梨、哈密瓜或水蜜桃等製作。

乾型琴酒……45mℓ
新鮮草莓……3～4個
純糖漿……½～1 tsp

將草莓切碎之後，連同其他的材料搖晃均勻，然後倒入尺寸較大的雞尾酒杯中。取下雪克杯的隔冰器，將殘留在雪克杯內的草莓果肉加進酒杯中。

Spring Opera

春之歌劇

32度 中口 搖盪法

1999年，在日本「三得利調酒競賽」中榮獲「年度最佳雞尾酒」大獎的作品，創作者是三谷裕先生。使用數種香甜酒和果汁，展現出以春季櫻花為構想的顏色，調製出口感清爽的雞尾酒。

- 乾型琴酒（英人琴酒）…… 40mℓ
- 櫻花香甜酒 …… 10mℓ
- 水蜜桃香甜酒 …… 10mℓ
- 檸檬汁 …… 1 tsp
- 柳橙汁 …… 2 tsp
- 綠櫻桃

將柳橙汁以外的材料搖晃均勻，倒入雞尾酒杯中，再讓柳橙汁緩緩地沉入杯底，然後以用雞尾酒叉刺入的綠櫻桃為裝飾。

Spring Feeling

春意盎然

這是由乾型琴酒和從中世紀流傳下來的藥草類香甜酒——夏翠絲組合而成的，擁有獨特風味的雞尾酒。宛如初冬和煦的暖陽天一樣清爽，調合的酸味和甜味可說是行家喜歡的味道。

- 乾型琴酒 …… 30mℓ
- 夏翠絲黃寶香甜酒 …… 15mℓ
- 檸檬汁 …… 15mℓ

將材料搖晃均勻，然後倒入雞尾酒杯中。

Smoky Martini
煙燻馬丁尼

40度 辛口 攪拌法

這是「馬丁尼（P.83）」的變化款之一。將不甜香艾酒更換成麥芽威士忌，口感更加不甜，展現出煙燻的味道。

乾型琴酒……50mℓ
麥芽威士忌……10mℓ
檸檬皮

將材料倒入攪拌杯中攪拌均勻，然後倒入雞尾酒杯中，擠壓檸檬皮噴附皮油。

Seventh Heaven
第七天堂

38度 中口 搖盪法

Seventh Heaven一般認為是伊斯蘭教中最高職位的天使居住的「第七層天堂」。琴酒和瑪拉斯奇諾櫻桃酒（櫻桃香甜酒）的風味非常契合。

乾型琴酒……48mℓ
瑪拉斯奇諾櫻桃酒……12mℓ
葡萄柚汁……1 tsp
綠櫻桃

將材料搖晃均勻，然後倒入雞尾酒杯中，將綠櫻桃沉入杯底。

Tanqueray Forest
坦奎瑞之森

16度 中口 搖盪法

這款酒是1993年在日本「HBA/JWS公司共同舉辦的雞尾酒大賽」當中，坦奎瑞組的優勝作品。創作者是犬養正先生。帶有哈密瓜和葡萄柚微微香氣的味道堪稱絕品。

乾型琴酒（坦奎瑞）……20mℓ
哈密瓜香甜酒……10mℓ
葡萄柚汁……25mℓ
檸檬汁……5mℓ
安格仕苦精……1 dash
薄荷葉

將材料搖晃均勻，然後倒入雞尾酒杯中，以薄荷葉為裝飾。

Tango

探戈

27度 中口 搖盪法

在琴酒和香艾酒這個契合度佳的組合中，添加了柳橙的酸味和甜味，調製出充滿水果風味，喝起來很順口的雞尾酒。

乾型琴酒…………24mℓ
不甜香艾酒…………12mℓ
甜香艾酒…………12mℓ
橘庫拉索酒…………12mℓ
柳橙汁…………2 dashes

將材料搖晃均勻，然後倒入雞尾酒杯中。

Texas Fizz

德州費士

14度 中口 搖盪法

這是「琴費士（P.70）」的變化款之一，以將檸檬汁更換成柳橙汁調製出的柔和口感為特色。甜度可依個人喜好調整。

乾型琴酒…………45mℓ
柳橙汁…………20mℓ
砂糖（純糖漿）…………1～2 tsp
蘇打水…………適量
萊姆片、綠櫻桃

將蘇打水以外的材料搖晃均勻，倒入裝有冰塊的酒杯中，再加入冰鎮蘇打水直到滿杯，然後輕輕攪拌一下。依個人喜好以萊姆片、綠櫻桃為裝飾。

Tom Collins

湯姆可林斯

16度 中口 搖盪法

這是從19世紀初期就一直被大眾品飲至今的雞尾酒，當初是以荷蘭產的老湯姆琴酒為基底，因此命名。口感清爽，喝起來很順口。

乾型琴酒…………45mℓ
檸檬汁…………20mℓ
純糖漿…………1～2 tsp
蘇打水…………適量
檸檬片、瑪拉斯奇諾櫻桃

將蘇打水以外的材料搖晃均勻，倒入裝有冰塊的可林杯中，再加入冰鎮蘇打水直到滿杯，然後輕輕攪拌一下。依個人喜好以檸檬片和瑪拉斯奇諾櫻桃為裝飾。

Nicky's Fizz

尼基費士

10度 中口 搖盪法

這是「琴費士（P.70）」的變化款之一。因為將檸檬汁更換成葡萄柚汁，降低了甜度，調製出爽快入喉的雞尾酒。

- 乾型琴酒…… 30mℓ
- 葡萄柚汁…… 30mℓ
- 純糖漿…… 1 tsp
- 蘇打水…… 適量
- 檸檬片

將蘇打水以外的材料搖晃均勻，倒入裝有冰塊的酒杯中，再加入冰鎮蘇打水直到滿杯，然後輕輕攪拌一下。依個人喜好以檸檬片為裝飾。

Ninja Turtle

忍者龜

1990年公開上映的電影《忍者龜》觸動了一名美國調酒師的靈感，因而設計出這款雞尾酒。以藍庫拉索酒和柳橙汁展現出鮮豔的綠色。

- 乾型琴酒（英人琴酒）…… 45mℓ
- 藍庫拉索酒…… 15mℓ
- 柳橙汁…… 適量
- 檸檬片

將材料倒入裝有冰塊的酒杯中，然後輕輕攪拌一下，以檸檬片為裝飾。

Negroni

內格羅尼

這是義大利的卡米洛·內格羅尼伯爵喜歡拿來當餐前酒品飲的雞尾酒，1962年經伯爵的同意而得以發表。琴酒、金巴利香甜酒、香艾酒的組合是絕品。

- 乾型琴酒…… 30mℓ
- 金巴利香甜酒…… 30mℓ
- 甜香艾酒…… 30mℓ
- 柳橙片

將材料倒入裝有冰塊的古典杯中，輕輕攪拌一下，以柳橙片為裝飾。

Knock-out

擊倒

30度 辛口 搖盪法

在琴酒和不甜香艾酒當中加入保樂茴香香甜酒，帶有薄荷的風味，稍微辛口的雞尾酒。不過酒精濃度並不像雞尾酒的名稱那樣強烈。

乾型琴酒	20mℓ
不甜香艾酒	20mℓ
保樂茴香香甜酒	20mℓ
白薄荷香甜酒	1 tsp

將材料搖晃均勻，然後倒入雞尾酒杯中。

Bartender

調酒師

22度 中口 攪拌法

Bartender原本的意思是「酒吧的負責人」。以乾型琴酒和3種葡萄酒組合而成的餐前酒，複雜高雅的味道是它的特色。

乾型琴酒	15mℓ
不甜雪莉酒	15mℓ
不甜香艾酒	15mℓ
多寶力香甜酒	15mℓ
柑曼怡香橙干邑香甜酒	1 tsp

將材料倒入攪拌杯中攪拌均勻，然後倒入雞尾酒杯中。

Bermuda Rose

百慕達玫瑰

35度 中口 搖盪法

將將琴酒和酸酸甜甜的杏桃白蘭地組合在一起，再以紅石榴糖漿染色，調製成口感柔和＆甜美的雞尾酒。可以盡情地享用杏桃白蘭地芳醇的味道。

乾型琴酒	40mℓ
杏桃白蘭地	20mℓ
紅石榴糖漿	2 dashes

將材料搖晃均勻，然後倒入雞尾酒杯中。

Paradise
樂園

25度 中口 搖盪法

符合「樂園」的名字，鮮黃色澤的水果風味雞尾酒，令人印象深刻。杏桃白蘭地和柳橙汁的絕妙搭配，讓人感覺真如置身於樂園之中。

- 乾型琴酒 …… 30mℓ
- 杏桃白蘭地 …… 15mℓ
- 柳橙汁 …… 15mℓ

將材料搖晃均勻，然後倒入雞尾酒杯中。

Parisian
巴黎人

24度 中口 搖盪法

這是一款以巴黎人為構思靈感的時尚雞尾酒。以代表法國的黑醋栗香甜酒和不甜香艾酒的組合，醞釀出高雅的風味。

- 乾型琴酒 …… 20mℓ
- 不甜香艾酒 …… 20mℓ
- 黑醋栗香甜酒 …… 20mℓ

將材料搖晃均勻，然後倒入雞尾酒杯中。

Hawaiian
夏威夷人

20度 中口 搖盪法

這是一款以四季如夏的夏威夷島為構思的柳橙風味雞尾酒。加入了橘庫拉索酒，添加了濃厚的柳橙香氣，展現出熱帶風味。

- 乾型琴酒 …… 30mℓ
- 柳橙汁 …… 30mℓ
- 橘庫拉索酒 …… 1 tsp

將材料搖晃均勻，然後倒入雞尾酒杯中。

Bijou
寶石
33度 中口 攪拌法

Bijou為「寶石」之意。將甜香艾酒和夏翠絲黃寶香甜酒混合之後，創造出金黃的色彩，杯底沉入一顆櫻桃當做寶石。口感是稍微偏甜的中口。

乾型琴酒……20mℓ
甜香艾酒……20mℓ
夏翠絲黃寶香甜酒……20mℓ
柑橘苦精……1 dash
瑪拉斯奇諾櫻桃、檸檬皮

將材料倒入攪拌杯中攪拌均勻，然後倒入雞尾酒杯中，以用雞尾酒叉刺入的瑪拉斯奇諾櫻桃為裝飾，擠壓檸檬皮噴附皮油。

Pure Love
純愛
5度 中口 搖盪法

這是1980年在「ANBA調酒競賽」中，創作者上田和男先生首度參賽就獲得冠軍的殊榮之作，是值得紀念的作品。酸甜的餘味就像初戀時怦然心動的感覺，非常出色。

乾型琴酒……30mℓ
覆盆子香甜酒……15mℓ
萊姆汁……15mℓ
薑汁汽水……適量
萊姆片

將薑汁汽水以外的材料搖晃均勻，倒入平底杯中，加入冰塊之後再加入冰鎮薑汁汽水直到滿杯，然後輕輕攪拌一下，以萊姆片為裝飾。

Beauty Spot
美人痣
26度 中口 搖盪法

Beauty Spot指的是「假黑痣」。在琴酒和香艾酒這個搭配度極佳的組合中，加入柳橙汁和紅石榴糖漿增添特殊風味，調製而成的中口雞尾酒。

乾型琴酒……30mℓ
不甜香艾酒……15mℓ
甜香艾酒……15mℓ
柳橙汁……1 tsp
紅石榴糖漿……½ tsp

將紅石榴糖漿以外的材料搖晃均勻，倒入雞尾酒杯中，然後讓紅石榴糖漿緩緩地沉入杯底。

Pink Gin

粉紅琴酒

40度 辛口 攪拌法

這是一杯彷彿直接純飲琴酒的雞尾酒，酒精濃度非常高。如果將安格仕苦精更換成柑橘苦精，就成了「黃色琴酒」。

- 乾型琴酒 …… 60mℓ
- 安格仕苦精 …… 2～3 dashes

將材料倒入攪拌杯中攪拌均勻，然後倒入雞尾酒杯中。

Pink Lady

粉紅佳人

這是1912年為了紀念一齣風靡倫敦的舞台劇《粉紅佳人》所調製的雞尾酒。紅石榴糖漿美麗的粉紅色，將琴酒尖銳的味道溫柔地包覆起來。

- 乾型琴酒 …… 45mℓ
- 紅石榴糖漿 …… 20mℓ
- 檸檬汁 …… 1 tsp
- 蛋白 …… 1個

將材料充分搖晃均勻，然後倒入尺寸較大的雞尾酒杯中。

Bloody Sam

血腥山姆

12度 辛口 直調法

這杯雞尾酒是「血腥瑪麗（P.103）」的變化款之一，將伏特加更換成琴酒調製而成。也可依個人喜好加入鹽、胡椒、塔巴斯科辣椒醬、伍斯特醬等。

- 乾型琴酒 …… 45mℓ
- 番茄汁 …… 適量
- 檸檬角

將琴酒倒入裝有冰塊的酒杯中，再加入番茄汁直到滿杯，然後輕輕攪拌一下，以檸檬角為裝飾。

Princess Mary

瑪麗公主

20度　甘口　搖盪法

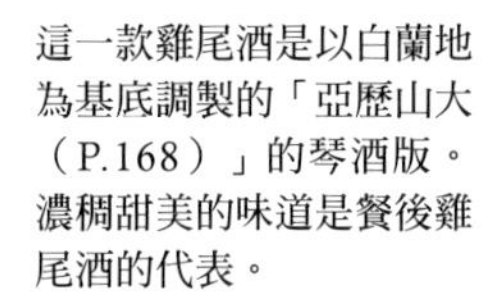

這一款雞尾酒是以白蘭地為基底調製的「亞歷山大（P.168）」的琴酒版。濃稠甜美的味道是餐後雞尾酒的代表。

- 乾型琴酒……20mℓ
- 可可香甜酒（棕）……20mℓ
- 鮮奶油……20mℓ

將材料充分搖晃均勻，然後倒入雞尾酒杯中。

Blue Moon

藍月

30度　中口　搖盪法

酒名裡雖然有藍色，令人印象深刻的卻是完成後迷人的淺紫色。使用充滿紫羅蘭香氣的香甜酒調製出浪漫的味道，又被稱為「用喝的香水」。

- 乾型琴酒……30mℓ
- 紫羅蘭香甜酒……15mℓ
- 檸檬汁……15mℓ

將材料搖晃均勻，然後倒入雞尾酒杯中。

Bulldog Highball

鬥牛犬高球

14度　中口　直調法

以琴酒為基底，混合了柳橙汁和薑汁汽水，清爽的口感為特色所在。因為降低了甜度，所以不論是誰都會覺得喝起來很順口。

- 乾型琴酒……45mℓ
- 柳橙汁……30mℓ
- 薑汁汽水……適量

將乾型琴酒和柳橙汁倒入裝有冰塊的酒杯中，再加入冰鎮薑汁汽水直到滿杯，然後輕輕攪拌一下。

French 75

法式75

18度　中口　搖盪法

在第一次世界大戰時誕生於巴黎的雞尾酒。直接以法國軍隊的75㎜口徑大砲為雞尾酒命名。將基酒更換成波本威士忌，就成了「法式95」；更換成白蘭地，就成了「法式125」。

乾型琴酒	45mℓ
檸檬汁	20mℓ
砂糖	1 tsp
香檳	適量

將香檳以外的材料搖晃均勻，倒入裝有冰塊的酒杯中，再加入冰鎮香檳直到滿杯，然後輕輕攪拌一下。

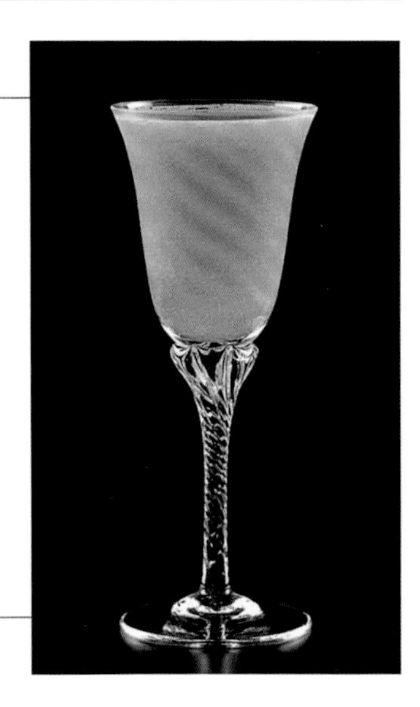

Bronx

布朗克斯

25度　中口　搖盪法

布朗克斯是美國紐約市自治區之一。不甜＆甜香艾酒的深邃味道交纏柳橙的香氣，產生絕妙的平衡。

乾型琴酒	30mℓ
不甜香艾酒	10mℓ
甜香艾酒	10mℓ
柳橙汁	10mℓ

將材料搖晃均勻，然後倒入雞尾酒杯中。

Honolulu

檀香山

35度　中口　搖盪法

將3種果汁與琴酒混合，調製出充滿熱帶風情的雞尾酒。安格仕苦精的香氣賦予整杯酒獨特的風味。

乾型琴酒	60mℓ
柳橙汁	1 tsp
鳳梨汁	1 tsp
檸檬汁	1 tsp
純糖漿	1 tsp
安格仕苦精	1 dash
鳳梨角、瑪拉斯奇諾櫻桃	

將材料搖晃均勻，然後倒入尺寸較大的雞尾酒杯中，以鳳梨角和瑪拉斯奇諾櫻桃為裝飾。

White Wings
白色之翼

32度 中口 搖盪法

又名「琴毒刺」。這是以白蘭地為基底的「毒刺（P.173）」琴酒版，薄荷的清涼感使琴酒的味道更尖銳。

乾型琴酒……………………40mℓ
白薄荷香甜酒………………20mℓ

將材料搖晃均勻，然後倒入雞尾酒杯中。

White Lily
白百合

35度 中口 攪拌法

以純白的百合為構想所調製出的雞尾酒。名稱雖柔和，但因加入蘭姆酒和保樂茴香香甜酒，口感相當強硬。白庫拉索酒引出絕妙的風味。

乾型琴酒……………………20mℓ
蘭姆酒（白）………………20mℓ
白庫拉索酒…………………20mℓ
保樂茴香香甜酒……………1 dash

將材料倒入攪拌杯中攪拌均勻，然後倒入雞尾酒杯中。

White Lady
白色佳人

29度 中口 搖盪法

以「白色貴婦人」為名的雞尾酒，帶有酸味的尖銳味道很受歡迎。優雅高尚的香氣和餘味，唯有白庫拉索酒的逸品君度橙酒才能調製出來。

乾型琴酒……………………30mℓ
君度橙酒……………………15mℓ
檸檬汁………………………15mℓ

將材料搖晃均勻，然後倒入雞尾酒杯中。

White Rose

白玫瑰

20度 中口 搖盪法

以「白色玫瑰」為名的雞尾酒。加入柑橘類的果汁和瑪拉斯奇諾櫻桃酒，調製出協調柔和的味道。為了將蛋白充分混合均勻，搖盪的次數要增多一點。

- 乾型琴酒……45mℓ
- 瑪拉斯奇諾櫻桃酒……15mℓ
- 柳橙汁……15mℓ
- 檸檬汁……15mℓ
- 蛋白……1個

將材料充分搖晃均勻，然後倒入尺寸較大的雞尾酒杯中。

Magnolia Blossom

木蘭花開

20度 中口 搖盪法

Magnolia Blossom是「洋玉蘭的花」。降低了甜度，有著滿滿的鮮奶油，可說是一杯適合女性品飲的雞尾酒。加了紅石榴糖漿所呈現出的淺粉紅色，給人深刻的印象。

- 乾型琴酒……30mℓ
- 檸檬汁……15mℓ
- 鮮奶油……15mℓ
- 紅石榴糖漿……1 dash

將材料充分搖晃均勻，然後倒入雞尾酒杯中。

Martini

馬丁尼

34度 辛口 攪拌法

這款調酒廣受全世界喜愛，對於「雞尾酒之王」這個稱號當之無愧，是辛口雞尾酒的代名詞。藉由更動琴酒和香艾酒的比例，可以衍生出各種不同味道的變化。

- 乾型琴酒……45mℓ
- 不甜香艾酒……15mℓ
- 檸檬皮、橄欖

將材料倒入攪拌杯中攪拌均勻，然後倒入雞尾酒杯中，擠壓檸檬皮噴附皮油。依個人喜好以用雞尾酒叉刺入的橄欖為裝飾。

Martini (Sweet)

馬丁尼(甜)

32度 甘口 攪拌法

在「馬丁尼(P.83)」的眾多變化款當中,這是甘口的類型。因為使用甜香艾酒調製,成品的色彩是帶有透明感的美麗棕色。

乾型琴酒……………………40mℓ
甜香艾酒……………………20mℓ
瑪拉斯奇諾櫻桃

將材料倒入攪拌杯中攪拌均匀,然後倒入雞尾酒杯中,依個人喜好以瑪拉斯奇諾櫻桃為裝飾。

Martini (Dry)

馬丁尼(不甜)

35度 辛口 攪拌法

這是「馬丁尼(P.83)」的眾多變化款之一。這款雞尾酒以深受大文豪厄尼斯特・海明威喜愛而聞名,也屢次出現在他的作品中。

乾型琴酒……………………48mℓ
不甜香艾酒…………………12mℓ
檸檬皮、橄欖

將材料倒入攪拌杯中攪拌均匀,然後倒入雞尾酒杯中,擠壓檸檬皮噴附皮油。依個人喜好以橄欖為裝飾。

Martini (Medium)

馬丁尼(半甜)

30度 中口 攪拌法

這款以不甜和甜味的2種香艾酒調製而成的雞尾酒,又稱為「完美馬丁尼」。與馬丁尼(不甜)相較,味道相當圓潤,喝起來很順口。

乾型琴酒……………………40mℓ
不甜香艾酒…………………10mℓ
甜香艾酒……………………10mℓ
橄欖

將材料倒入攪拌杯中攪拌均匀,然後倒入雞尾酒杯中,依個人喜好以用雞尾酒叉刺入的橄欖為裝飾。

Martini On The Rocks

馬丁尼加冰塊

35度 辛口 攪拌法

將「馬丁尼（P.83）」以加冰塊類型調製，喝起來很順口的雞尾酒。將材料倒入攪拌杯中，不經攪拌就直接倒入酒杯中，以這種方式混合調製也OK。

乾型琴酒……45mℓ
不甜香艾酒……15mℓ
橄欖、檸檬皮

將材料倒入攪拌杯中攪拌均勻，然後倒入裝有冰塊的古典杯中，擠壓檸檬皮噴附皮油。依個人喜好以用雞尾酒叉刺入的橄欖為裝飾。

Marionette

牽線木偶

22度 中口 搖盪法

這是在「第14屆HBA創作雞尾酒大賽」當中榮獲亞軍，渡邊一也先生的作品。Marionette是「牽線木偶、木偶劇」的意思。個性豐富的阿瑪雷托杏仁香甜酒，風味很清新。

乾型琴酒……20mℓ
阿瑪雷托杏仁香甜酒……10mℓ
葡萄柚汁……30mℓ
紅石榴糖漿……1 tsp
柳橙皮

將材料搖晃均勻倒入雞尾酒杯，擠壓柳橙皮噴附皮油（P.229）。

Million Dollar

百萬美元

18度 中口 搖盪法

這是以「百萬美元」為名，誕生於日本的雞尾酒，甜香艾酒和鳳梨汁的甜味喝起來很舒暢。在正式的酒譜中，杯緣是以鳳梨片為裝飾。

乾型琴酒……45mℓ
甜香艾酒……15mℓ
鳳梨汁……15mℓ
紅石榴糖漿……1 tsp
蛋白……1個

將材料充分搖晃均勻，然後倒入尺寸較大的雞尾酒杯中。

Merry Widow

風流寡婦

25度 辛口 攪拌法

這是以喜歌劇《風流寡婦》命名的雞尾酒。在琴酒和香艾酒中混合了3種藥草・香草類的香甜酒，調製出辛口的味道。有好幾款使用不同酒譜的同名雞尾酒。

乾型琴酒 …………………… 30mℓ
不甜香艾酒 ………………… 30mℓ
廊酒 ………………………… 1 dash
保樂茴香香甜酒 ………… 1 dash
安格仕苦精 ……………… 1 dash
檸檬皮

將材料倒入攪拌杯中攪拌均勻，然後倒入雞尾酒杯中，擠壓檸檬皮噴附皮油。

Melon Special

哈密瓜特調

24度 中口 搖盪法

這是1966年「全日本調酒師協會雞尾酒大賽」的優勝作品。作者是圖師健一先生。使用哈密瓜香甜酒和萊姆汁調製，表現出哈密瓜的色澤和味道。

乾型琴酒（英人琴酒）…… 30mℓ
哈密瓜香甜酒 ……………… 15mℓ
萊姆汁 ……………………… 15mℓ
柑橘苦精 ………………… 1 dash
綠櫻桃、檸檬皮

將材料搖晃均勻，然後倒入雞尾酒杯中，將綠櫻桃沉入杯底，擠壓檸檬皮噴附皮油。

Yokohama

橫濱

18度 中口 搖盪法

冠上港都「橫濱」之名，從很久以前就頗負盛名的日式經典雞尾酒。創作者以及創作的年代都不詳。將琴酒和伏特加以柳橙汁和紅石榴糖漿溫柔地包覆起來，味道很清爽。

乾型琴酒 …………………… 20mℓ
伏特加 ……………………… 10mℓ
柳橙汁 ……………………… 20mℓ
紅石榴糖漿 ………………… 10mℓ
保樂茴香香甜酒 ………… 1 dash

將材料搖晃均勻，然後倒入雞尾酒杯中。

Lady 80

淑女80

26度 甘口 搖盪法

這是1980年「HBA創作雞尾酒大賽」的優勝作品。創作者是池田勇治先生。杏桃和鳳梨的濃厚風味飄散出甜美香氣，調製出充滿水果風味的甜味雞尾酒。

乾型琴酒	30mℓ
杏桃白蘭地	15mℓ
鳳梨汁	15mℓ
紅石榴糖漿	2 tsp

將材料搖晃均勻，然後倒入雞尾酒杯中。

Royal Fizz

皇家費士

12度 中口 搖盪法

這是加入了1個蛋，營養充足的雞尾酒。醇厚的口感出乎意料地清爽，喝起來很順口。為了將全體充分混合均勻，搖盪的次數要增多，這點很重要。

乾型琴酒	45mℓ
檸檬汁	15mℓ
純糖漿	2 tsp
蛋（小）	1個
蘇打水	適量

將蘇打水以外的材料充分搖晃均勻，倒入裝有冰塊的平底杯中，再加入冰鎮蘇打水直到滿杯，然後輕輕攪拌一下。

Long Island Iced Tea

長島冰茶

19度 中口 直調法

這是一款不使用紅茶卻調製出紅茶的顏色和風味，非常不可思議的雞尾酒。在1980年代初期，誕生於美國西海岸。因為加入了4種烈酒，所以酒精濃度很高。

乾型琴酒	15mℓ
伏特加	15mℓ
蘭姆酒（白）	15mℓ
龍舌蘭酒	15mℓ
白庫拉索酒	2 tsp
檸檬汁	30mℓ
純糖漿	1 tsp
可樂	40mℓ

將可樂以外的材料倒入有碎冰的酒杯中，再加入冰鎮可樂直到滿杯，輕輕攪拌。依個人喜好以檸檬片·萊姆片、瑪拉斯奇諾櫻桃為裝飾。

伏特加雞尾酒

Vodka Base Cocktails

無味無臭而且無色，這樣純淨的味道正是伏特加最大的特色。
市面上主要流行的雞尾酒款，是以充分展現搭配的副材料原有味道為主。

Angelo

安傑羅

12度 中口 搖盪法

這是以2種果汁與味甜又芳香的香甜酒加利安諾和南方安逸組合而成的水果風味雞尾酒。清爽的口感，任何人喝都很順口。

伏特加……30mℓ
加利安諾香甜酒……10mℓ
南方安逸香甜酒……10mℓ
柳橙汁……45mℓ
鳳梨汁……45mℓ

將材料搖晃均勻，然後倒入尺寸較大的雞尾酒杯中，也可以加入冰塊。

East Wing
東方之翼

22度 中口 搖盪法

櫻桃白蘭地的芳醇香氣和金巴利香甜酒的微苦味道融合而成的餐前雞尾酒。酒杯中充滿恰到好處的酸味和隱約的甜味。

伏特加……40mℓ
櫻桃白蘭地……15mℓ
金巴利香甜酒……5mℓ

將材料搖晃均勻，然後倒入雞尾酒杯中。

Impression
印象

27度 中口 搖盪法

這是東京全日空飯店的原創雞尾酒。以甜而柔順的味道為特色，就像喝下了水果製作的綜合果汁。

伏特加……20mℓ
水蜜桃香甜酒……10mℓ
杏桃白蘭地……10mℓ
蘋果汁……20mℓ

將材料搖晃均勻，然後倒入雞尾酒杯中。

Vahine
大溪地女郎

20度 中口 搖盪法

Vahine是大溪地語，為「年輕女子」之意。在很受歡迎的熱帶風味酒飲「奇奇（P.99）」中，添加了櫻桃白蘭地的風味和色彩，是適合夏天品飲的雞尾酒。

伏特加……30mℓ
櫻桃白蘭地……45mℓ
鳳梨汁……60mℓ
檸檬汁……10mℓ
椰奶……20mℓ
鳳梨角

將材料搖晃均勻，然後倒入裝滿碎冰的酒杯中，以鳳梨角為裝飾。

Vodka Iceberg
伏特加冰山
38度 辛口 直調法

Iceberg是「冰山」之意。這是款只靠保樂茴香香甜酒增添香氣，就像在飲用伏特加加冰塊一樣的雞尾酒，酒精濃度相當高。

伏特加 ······················· 60mℓ
保樂茴香香甜酒 ··········· 1 dash

在古典杯中放入稍大一點的冰塊，將材料倒入杯中，輕輕攪拌一下。

Vodka & Apple
伏特加蘋果
15度 中口 直調法

將「螺絲起子（P.98）」的柳橙汁更換成蘋果汁調製而成的酒飲。蘋果汁適度的酸味和甜味，喝起來爽快又順口。

伏特加 ················· 30～45mℓ
蘋果汁 ······················· 適量
萊姆片

將材料倒入裝有冰塊的酒杯中，輕輕攪拌一下，以萊姆片為裝飾。

Vodka & Midori
伏特加蜜多麗
30度 甘口 直調法

這款雞尾酒可以品嘗到以哈密瓜為原料的哈密瓜香甜酒裡純粹的味道和香氣。酒杯映照下的鮮綠色十分美麗。

伏特加 ······················· 45mℓ
蜜多麗（哈密瓜香甜酒）···· 15mℓ

將材料倒入裝有冰塊的古典杯中，然後輕輕攪拌一下。

Vodka Gibson
伏特加吉普森

30度　辛口　攪拌法

作為「馬丁尼（P.83）」的變化款，與以琴酒為基底的「吉普森（P.62）」都是誕生於美國的辛口雞尾酒代表。

伏特加……………………50mℓ
不甜香艾酒…………………10mℓ
珍珠洋蔥

將材料倒入攪拌杯中攪拌均勻，然後倒入雞尾酒杯中，以用雞尾酒叉刺入的珍珠洋蔥為裝飾。

Vodka Gimlet
伏特加琴蕾

30度　中口　搖盪法

這是「琴蕾（P.63）」的伏特加版，但這裡使用沒有加糖的萊姆汁，再另外加入純糖漿來調整甜度。

伏特加……………………45mℓ
萊姆汁……………………15mℓ
純糖漿……………………1 tsp

將材料搖晃均勻，然後倒入雞尾酒杯中。

Vodka & Soda
伏特加蘇打

14度　辛口　直調法

這是一款將無味無臭的伏特加只用蘇打水稀釋的簡易雞尾酒。幾乎沒有味道的純淨味道最適合用來滋潤乾渴的喉嚨。

伏特加……………………45mℓ
蘇打水……………………適量
檸檬片

將伏特加倒入裝有冰塊的酒杯中，再加入冰鎮蘇打水直到滿杯，然後輕輕攪拌一下。依個人喜好以檸檬片為裝飾。

Vodka & Tonic

伏特加通寧

14度 中口 直調法

這是「琴通寧（P.69）」的伏特加版。因為是使用沒有異味的伏特加調製的，所以可以直接品嘗到通寧水清爽的口感。

伏特加……45mℓ
通寧水……適量
檸檬片

將伏特加倒入裝有冰塊的酒杯中，再加入冰鎮通寧水直到滿杯，然後輕輕攪拌一下，依個人喜好以檸檬片為裝飾。

Vodka Martini

伏特加馬丁尼

31度 辛口 攪拌法

將「馬丁尼（P.83）」的基酒更換成伏特加調製而成。又稱為「伏特加丁尼」或「袋鼠」。相較於以琴酒為基酒，味道較為柔和。

伏特加……45mℓ
不甜香艾酒……15mℓ
橄欖、檸檬皮

將材料攪拌均勻，然後倒入雞尾酒杯中，擠壓檸檬皮噴附皮油。依個人喜好以用雞尾酒叉刺入的橄欖為裝飾。

Vodka & Lime

伏特加萊姆

30度 中口 直調法

「琴萊姆（P.70）」的伏特加版。相較於以琴酒為基酒，這個版本的雞尾酒沒有異味，味道清爽，容易入口。如果使用沒有加糖的萊姆汁調製，要以純糖漿調整甜味。

伏特加……45mℓ
萊姆汁（萊姆糖漿）……15mℓ

將材料倒入裝有冰塊的酒杯中，然後輕輕攪拌一下。

Vodka Rickey

伏特加瑞奇

14度 辛口 直調法

這款雞尾酒是在「伏特加蘇打（P.91）」裡加入了鮮榨萊姆汁調製而成。也可以用攪拌棒搗壓萊姆，一邊調整酸味一邊品飲。

- 伏特加……45mℓ
- 新鮮萊姆……½個
- 蘇打水……適量

擠入萊姆的汁液，並且直接將萊姆放入酒杯中，加入冰塊之後倒入伏特加，再加入冰鎮蘇打水直到滿杯，然後附上攪拌棒。

Caiprosca

凱皮洛斯卡

這款雞尾酒是將「蘭姆卡琵莉亞（P.123）」的基酒更換成伏特加調製的。萊姆在一開始就先好好地壓榨，這是重點所在。

- 伏特加……30～45mℓ
- 新鮮萊姆……½～1個
- 砂糖（純糖漿）……1～2tsp

將萊姆切碎之後放入酒杯中，加入砂糖之後充分搗壓。裝入碎冰之後倒入伏特加，然後輕輕攪拌一下，附上攪拌棒。

Kami-kaze

神風特攻隊

27度 辛口 搖盪法

以舊日本海軍的特別攻擊隊「神風」為名，發源自美國的雞尾酒。以伏特加搭配白庫拉索酒的香味和萊姆的酸味，調製出口感不甜的一杯調酒。

- 伏特加……45mℓ
- 白庫拉索酒……1 tsp
- 萊姆汁……15mℓ

將材料搖晃均勻，然後倒入裝有冰塊的古典杯中。

Gulf Stream

墨西哥灣流

19度 中口 搖盪法

Gulf Stream指的是墨西哥灣流，使人聯想到加勒比海的美麗藍色，令人留下深刻的印象。水蜜桃香甜酒隱約的甜香和果汁清爽的味道合奏出精采的樂章。

伏特加……15mℓ
水蜜桃香甜酒……15mℓ
藍庫拉索酒……1 tsp
葡萄柚汁……20mℓ
鳳梨汁……5mℓ

將所有材料搖晃均勻，然後倒入裝有冰塊的古典杯中。

Kiss Of Fire

火之吻

26度 中口 搖盪法

這是1955年在「第5屆全日本飲料大賽」中榮獲第1名的作品。創作者是石岡賢司先生。整杯雞尾酒充滿黑刺李琴酒的酸甜感和不甜香艾酒的藥草香，十分迷人。

伏特加……20mℓ
黑刺李琴酒……20mℓ
不甜香艾酒……20mℓ
檸檬汁……2 dashes
砂糖（糖口杯）

將材料搖晃均勻，然後倒入用砂糖做成糖口杯的雞尾酒杯中。

Grand Prix

大獎

28度 中口 搖盪法

這杯雞尾酒在不甜香艾酒的芳香中帶有君度橙酒高雅時尚的柑橘香氣。淺紅色來自於紅石榴糖漿。

伏特加	30mℓ
不甜香艾酒	25mℓ
君度橙酒	5mℓ
檸檬汁	1 tsp
紅石榴糖漿	1 tsp

將材料搖晃均勻，然後倒入雞尾酒杯中。

Green Fantasy

綠色幻想曲

哈密瓜香甜酒的綠色很鮮豔，是一款餐前雞尾酒。因為加入了不甜香艾酒，調製出有深度的味道。

伏特加	25mℓ
不甜香艾酒	25mℓ
哈密瓜香甜酒	10mℓ
萊姆汁	1 tsp

將材料搖晃均勻，然後倒入雞尾酒杯中。

Greyhound

灰狗

13度 中口 直調法

Greyhound是「跑步時尾巴會夾在兩腿之間的狗」，這是一款「鹹狗（P.99）」少了鹽口杯的飲品。又稱為「短尾狗」或「無尾狗」。

伏特加	45mℓ
葡萄柚汁	適量

將伏特加倒入裝有冰塊的酒杯中，再加入冰鎮葡萄柚汁直到滿杯，然後輕輕攪拌一下。

Cape Codder

鱈魚角

20度 中口 搖盪法

酒名的「Cape Cod（鱈魚角）」是美國麻薩諸塞州一個半島的名稱。這杯雞尾酒是用伏特加和蔓越莓汁調合出簡單卻味道深邃的雞尾酒。

伏特加……………………45mℓ
蔓越莓汁…………………45mℓ

將材料搖晃均勻，然後倒入裝有冰塊的古典杯中。

Cossack

哥薩克騎兵

哥薩克騎兵是活躍於俄羅斯帝國時期的騎馬軍團名稱。因為使用伏特加和白蘭地這2種烈酒調製，所以口感屬於辛口，而且酒精濃度稍微高了一點。

伏特加……………………24mℓ
白蘭地……………………24mℓ
萊姆汁……………………12mℓ
純糖漿……………………1 tsp

將材料搖晃均勻，然後倒入雞尾酒杯中。

Cosmopolitan

四海一家

22度 中口 搖盪法

這是以「國際人士」或「世界主義者」之意來命名的粉紅色雞尾酒。白庫拉索酒的豐富香味，與2種果汁完美調合在一起。

伏特加……………………30mℓ
白庫拉索酒………………10mℓ
蔓越莓汁…………………10mℓ
萊姆汁……………………10mℓ

將材料搖晃均勻，然後倒入雞尾酒杯中。

Godmother

教母

34度 中口 直調法

這是「教父（P.157）」的伏特加版。可以直接感受到阿瑪雷托杏仁香甜酒（以杏桃核增添香氣的香甜酒）風味的一杯調酒。

伏特加……………………45mℓ
阿瑪雷托杏仁香甜酒………15mℓ

將材料倒入裝有冰塊的酒杯中，然後輕輕攪拌一下。

Colony

殖民地

22度 中口 搖盪法

萊姆的酸味和南方安逸香甜酒的蜜桃風味飄散著芳香的一款雞尾酒。爽快的口感，稍微降低了甜度。

伏特加……………………20mℓ
南方安逸香甜酒……………20mℓ
萊姆汁……………………20mℓ

將材料搖晃均勻，然後倒入雞尾酒杯中。

Sea Breeze

海上微風

8度 中口 搖盪法

1980年代在美國大流行的酒款，以「海上微風」為名的低酒精飲品。以蔓越莓汁清爽的色彩和味覺為重點。

伏特加……………………30mℓ
葡萄柚汁…………………60mℓ
蔓越莓汁…………………60mℓ

將所有材料搖晃均勻，然後倒入裝有冰塊的酒杯中，依個人喜好以花為裝飾。

Gypsy
吉普賽

35度 中口 搖盪法

以散居在歐洲各地的流浪民族「吉普賽人」命名的雞尾酒。廊酒是具有代表性的藥草・香草類香甜酒，醞釀出獨特的風味。

伏特加……48mℓ
廊酒……12mℓ
安格仕苦精……1 dash

將材料搖晃均勻，然後倒入雞尾酒杯中。

Screwdriver
螺絲起子

15度 中口 直調法

以「螺絲起子」為名的簡易雞尾酒。據說是因為以前使用螺絲起子代替攪拌棒來攪拌，所以取了這個名字。口感柔順，喝起來很順口。

伏特加……45mℓ
柳橙汁……適量
柳橙片

將伏特加倒入裝有冰塊的酒杯中，再加入冰鎮柳橙汁直到滿杯，然後輕輕攪拌一下。依個人喜好以柳橙片為裝飾。

Sledge Hammer
大榔頭

33度 辛口 搖盪法

這款雞尾酒與「伏特加琴蕾（P.91）」相較，屬於伏特加的比例增多的辛口雞尾酒。Sledge Hammer指的是「用雙手操作的大鐵槌」。

伏特加……50mℓ
萊姆汁（萊姆糖漿）……10mℓ

將材料搖晃均勻，然後倒入雞尾酒杯中。

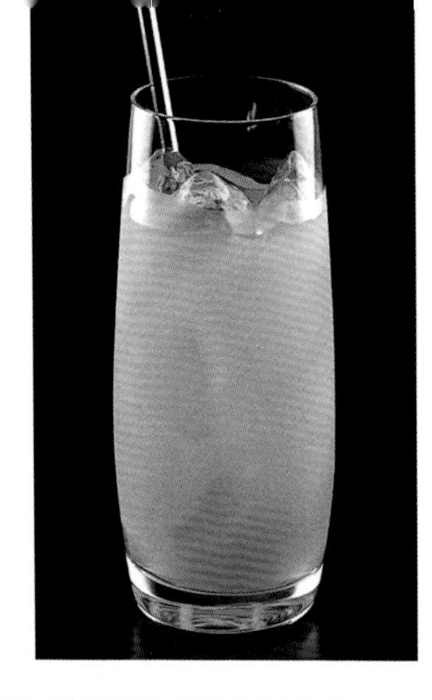

Sex On The Beach

性感海灘

10度 中口 直調法

自從在電影《雞尾酒》中登場之後，已經成為眾所皆知的雞尾酒。哈密瓜和覆盆子的清爽香味與鳳梨汁融合，可以享受到充滿水果風味的口感。

伏特加 ⋯⋯ 15mℓ
哈密瓜香甜酒 ⋯⋯ 20mℓ
覆盆子香甜酒 ⋯⋯ 10mℓ
鳳梨汁 ⋯⋯ 80mℓ

將材料倒入裝有冰塊的酒杯中，然後輕輕攪拌一下。也可以將材料搖盪均勻。

Salty Dog

鹹狗

13度 中口 直調法

Salty Dog是「鹹小子」的意思，是用來指稱船上水手的俚語。葡萄柚汁的酸味和鹽的鹹味，襯托出伏特加的味道。

伏特加 ⋯⋯ 45mℓ
葡萄柚汁 ⋯⋯ 適量
鹽（鹽口杯）

將冰塊和伏特加倒入用鹽做成鹽口杯的酒杯中，再加入冰鎮葡萄柚汁直到滿杯，然後輕輕攪拌一下。

Chi-Chi

奇奇

7度 中口 搖盪法

Chi-Chi是意為「瀟灑的、時尚的」的俚語。這是一款誕生於夏威夷的熱帶風味飲料，鳳梨汁＆椰奶的濃郁味道是絕品。

伏特加 ⋯⋯ 30mℓ
鳳梨汁 ⋯⋯ 80mℓ
椰奶 ⋯⋯ 45mℓ
鳳梨角、柳橙片

將材料搖晃均勻，然後倒入裝滿碎冰的酒杯中，依個人喜好以水果或花為裝飾。

Czarine
皇后
27度 中口 攪拌法

Czarine指的是俄羅斯帝國時期的皇后。不甜香艾酒深邃的芳香以及杏桃白蘭地芳醇的甜味，宛如展現出高貴的味覺一樣。

- 伏特加……30mℓ
- 不甜香艾酒……15mℓ
- 杏桃白蘭地……15mℓ
- 安格仕苦精……1 dash

將材料倒入攪拌杯中攪拌均勻，然後倒入雞尾酒杯中。

Take Five
小憩片刻
25度 辛口 搖盪法

與爵士鋼琴家戴夫・布魯貝克的名作《Take Five》同名的雞尾酒。特色是香藥草的香氣帶來的香辣口感。

- 伏特加……30mℓ
- 夏翠絲綠寶香甜酒……15mℓ
- 萊姆汁……15mℓ

將材料搖晃均勻，然後倒入雞尾酒杯中。

Barbara
芭芭拉
25度 中口 搖盪法

這是以白蘭地為基底的「亞歷山大（P.168）」的伏特加版。可可香甜酒和鮮奶油融合在一起，調製出味道就像巧克力飲品一樣的雞尾酒。

- 伏特加……30mℓ
- 可可香甜酒（棕）……15mℓ
- 鮮奶油……15mℓ

將材料充分搖晃均勻，然後倒入雞尾酒杯中。

Harvey Wallbanger

哈維撞牆

15度 中口 直調法

在「螺絲起子（P.98）」當中加入了加利安諾香甜酒調製而成。這個名稱的由來，據說是因為美國加州的衝浪手哈維點了這杯雞尾酒之後，頭暈目眩而撞到牆壁。

伏特加……45mℓ
柳橙汁……適量
加利安諾香甜酒（P.146）‥2 tsp
柳橙片

將伏特加倒入裝有冰塊的酒杯中，再加入冰鎮柳橙汁直到滿杯，然後輕輕攪拌一下，最後加入加利安諾香甜酒讓它浮在上面。依個人喜好以柳橙片為裝飾。

Baccarat

巴卡拉

33度 中口 搖盪法

在伏特加和龍舌蘭當中添加了白庫拉索酒高雅的香味，調製出口感很好的雞尾酒。藍庫拉索酒清澈的藍色十分美麗。

伏特加……30mℓ
龍舌蘭……15mℓ
白庫拉索酒……15mℓ
藍庫拉索酒……1 tsp
檸檬汁……1 tsp

將材料搖晃均勻，然後倒入雞尾酒杯中。

Balalaika

巴拉萊卡

25度 中口 搖盪法

這是一款好喝的口感和美麗的外觀很受歡迎的雞尾酒。有幾款像「白色佳人（P.82）」之類，基酒不同的雞尾酒。巴拉萊卡是形似吉他的「俄羅斯弦樂器」。

伏特加……30mℓ
白庫拉索酒……15mℓ
檸檬汁……15mℓ

將材料搖晃均勻，然後倒入雞尾酒杯中。

Funky Grasshopper

放克蚱蜢

20度 中口 攪拌法

這款酒是將「綠色蚱蜢（P.184）」的鮮奶油更換成伏特加的雞尾酒。可可和薄荷的調合達到絕妙的平衡，調製出稍微偏甜的口感。

伏特加……………………20mℓ
綠薄荷香甜酒……………20mℓ
可可香甜酒（白）…………20mℓ

將材料倒入攪拌杯中攪拌均勻，然後倒入雞尾酒杯中。

Black Russian

黑色俄羅斯

32度 中口 直調法

可以盡情地直接享用咖啡香甜酒味道的雞尾酒。如果有鮮奶油漂浮在上面就成了「白色俄羅斯（P.105）」，而若是將基酒更換成龍舌蘭就成了「猛牛（P.133）」。

伏特加……………………40mℓ
咖啡香甜酒………………20mℓ

將材料倒入裝有冰塊的古典杯中，然後輕輕攪拌一下。

Bloody Bull

血腥公牛

12度 辛口 直調法

這款雞尾酒就像是「血腥瑪麗（P.103）」和「公牛子彈（P.104）」混合而成。加入牛肉清湯可以使味道更為濃醇而有層次。

伏特加……………………45mℓ
檸檬汁……………………15mℓ
番茄汁……………………適量
牛肉清湯…………………適量
檸檬角、小黃瓜棒

將材料倒入裝有冰塊的酒杯中，然後輕輕攪拌一下。依個人喜好以檸檬角和小黃瓜棒為裝飾。

Bloody Mary

血腥瑪麗

12度　辛口　直調法

雞尾酒名稱的由來，較有可信度的說法是源自16世紀的英格蘭女王瑪麗一世，她因為迫害新教徒而以「血腥瑪麗」的稱號聞名。可依照個人喜好加入鹽、胡椒、塔巴斯科辣椒醬等。

伏特加 …… 45mℓ
番茄汁 …… 適量
檸檬角、西洋芹棒

將伏特加倒入裝有冰塊的酒杯中，再加入冰鎮番茄汁直到滿杯，然後輕輕攪拌一下。依個人喜好以檸檬角和西洋芹棒為裝飾。

Plum Square

李子廣場

28度　中口　搖盪法

「黑刺李琴酒」是以黑刺李這種西洋李製作而成，這是一杯可以直接品嘗到黑刺李琴酒風味的飲品。在獨特的酸味當中，隱隱感覺到的苦味十分絕妙。

伏特加 …… 40mℓ
黑刺李琴酒 …… 10mℓ
萊姆汁 …… 10mℓ

將材料搖晃均勻，然後倒入雞尾酒杯中。

Framboise Sour

覆盆子沙瓦

12度　中口　搖盪法

這一款雞尾酒帶有覆盆子（樹莓）香甜酒的酸甜滋味和香氣。因為只有來自香甜酒的甜味，所以甜度較低。

伏特加 …… 30mℓ
覆盆子香甜酒 …… 15mℓ
萊姆汁 …… 15mℓ
藍庫拉索酒 …… 1 dash

將材料搖晃均勻，然後倒入雞尾酒杯中。

Bull Shot

公牛子彈

15度 中口 直調法

這是以清湯和伏特加混合而成的雞尾酒，在歐美地區以很受歡迎的餐前酒而聞名。也可以用搖盪法調製。可依個人喜好加入胡椒、伍斯特醬、塔巴斯科辣椒醬等。

伏特加……45mℓ
牛肉清湯（已放涼）……適量
萊姆片

將材料倒入裝有冰塊的酒杯中，然後輕輕攪拌一下。依個人喜好以萊姆片為裝飾。

Blue Lagoon

藍色珊瑚礁

22度 中口 搖盪法

由「藍色珊瑚礁」的名稱可以得知，它的特色就是藍庫拉索酒所調製出的鮮豔色彩。這款雞尾酒是在1960年誕生於法國巴黎，而後廣傳至全世界。

伏特加……30mℓ
藍庫拉索酒……20mℓ
檸檬汁……20mℓ
柳橙片、瑪拉斯奇諾櫻桃

將材料搖晃均勻後倒入酒杯，以柳橙片和瑪拉斯奇諾櫻桃為裝飾。

Volga

窩瓦河

25度 中口 搖盪法

以俄羅斯的大河窩瓦河為構想調製的雞尾酒。在萊姆汁的酸味中加入柳橙汁和紅石榴糖漿的甜味，調合成柔和的口感。

伏特加……40mℓ
萊姆汁……10mℓ
柳橙汁……10mℓ
柑橘苦精……1 dash
紅石榴糖漿……2 dashes

將紅石榴糖漿以外的材料搖晃均勻，然後倒入雞尾酒杯中，再緩緩倒入紅石榴糖漿使之沉於杯底。

Volga Boatman
窩瓦河船夫
18度 甘口 搖盪法

以「窩瓦河的船夫」為名的雞尾酒。混合櫻桃白蘭地芳醇的甜味和柳橙汁隱約的酸味，調製出平衡的味道。

伏特加……………………20mℓ
櫻桃白蘭地………………20mℓ
柳橙汁……………………20mℓ

將材料搖晃均勻，然後倒入雞尾酒杯中。

White Spider
白蜘蛛
32度 中口 搖盪法

又稱為「伏特加毒刺」。這是以白蘭地為基底的「毒刺（P.173）」的伏特加版，薄荷的清涼感表現出尖銳的味道。

伏特加……………………40mℓ
白薄荷香甜酒……………20mℓ

將材料搖晃均勻，然後倒入雞尾酒杯中。

White Russian
白色俄羅斯
25度 甘口 直調法

這是鮮奶油漂浮在「黑色俄羅斯（P.102）」上面的類型。因為在咖啡香甜酒當中加入了鮮奶油，喝起來的味道就像是甜甜的冰咖啡。

伏特加……………………40mℓ
咖啡香甜酒………………20mℓ
鮮奶油……………………適量

將伏特加和咖啡香甜酒倒入裝有冰塊的古典杯中，然後輕輕攪拌一下，加入鮮奶油使之漂浮在頂層。

Moscow Mule

莫斯科騾子

12度 中口 直調法

除了「莫斯科的騾子」這個意思，還有一個意思是「酒力發揮時就像被騾子的後腳踹到一樣」。以爽快的口感而大受歡迎的雞尾酒。原本的酒譜不是使用薑汁汽水，而是薑汁啤酒，然後倒入銅製的馬克杯中調製。

伏特加……45mℓ
萊姆汁……15mℓ
薑汁汽水……適量
萊姆角

將伏特加和萊姆汁倒入裝有冰塊的酒杯中，再加入薑汁汽水直到滿杯，然後輕輕攪拌一下。依個人喜好以萊姆角為裝飾。

Yukigumi

雪國

30度 中口 搖盪法

這是1958年在壽屋（三得利股份有限公司的前身）主辦的雞尾酒競賽中榮獲第1名的酒款。創作者是井山計一先生。糖口杯和綠櫻桃的綠色完全表現出雪國之美。

伏特加……40mℓ
白庫拉索酒……20mℓ
萊姆汁（萊姆糖漿）……2 tsp
砂糖（糖口杯）、綠櫻桃

將材料搖晃均勻，然後倒入以砂糖做成糖口杯的雞尾酒杯中，以用雞尾酒叉刺入的綠櫻桃為裝飾。

Russian
俄羅斯

33度 中口 搖盪法

顧名思義，這是俄羅斯的雞尾酒。使用巧克力風味的可可香甜酒來調製，所以口感甘甜柔順，但是酒精度數相當的高。

伏特加……20mℓ
乾型琴酒……20mℓ
可可香甜酒（棕）……20mℓ

將材料搖晃均勻，然後倒入雞尾酒杯中。

Road runner
路跑者

25度 甘口 搖盪法

這款餐後酒可以品嘗到阿瑪雷托杏仁香甜酒和椰奶的獨特甜味。以清爽濃稠的口感和高雅的味道為一大特色。

伏特加……30mℓ
阿瑪雷托杏仁香甜酒……15mℓ
椰奶……15mℓ
肉豆蔻

將材料搖晃均勻，然後倒入雞尾酒杯中，依個人喜好撒上肉豆蔻。

Roberta
羅貝塔

24度 中口 搖盪法

櫻桃白蘭地的鮮豔色彩令人印象深刻。可以品嘗到以伏特加和不甜香艾酒的組合，搭配個性豐富的3種香甜酒調製而成的複雜味道。

伏特加……20mℓ
不甜香艾酒……20mℓ
櫻桃白蘭地……20mℓ
金巴利香甜酒……1 dash
香蕉香甜酒……1 dash

將材料搖晃均勻，然後倒入雞尾酒杯中。

蘭姆酒雞尾酒

Rum Base Cocktails

以充分展現蘭姆酒特有的甜味，洋溢著南國風味的雞尾酒為主流。
可依喜好選用白蘭姆酒、金蘭姆酒、黑蘭姆酒。

X.Y.Z.

名稱的由來是最後的3個英文字母，表示這是無可超越、登峰造極的雞尾酒。白庫拉索酒圓潤的味道柔和地包覆蘭姆酒的風味，檸檬汁的酸味展現出清爽感。將基酒更換成白蘭地的話，就成了「側車（P.171）」。

蘭姆酒（白）……30mℓ
白庫拉索酒……15mℓ
檸檬汁……15mℓ

將材料搖晃均勻，然後倒入雞尾酒杯中。

El Presidente
大總統

30度　中口　攪拌法

El Presidente是西班牙文「大總統」或「社長」的意思。加入了不甜香艾酒和橘庫拉索酒的風味，調製出純淨的味道。

- 蘭姆酒（白）……30mℓ
- 不甜香艾酒……15mℓ
- 橘庫拉索酒……15mℓ
- 紅石榴糖漿……1 dash

將材料倒入攪拌杯中攪拌均勻，然後倒入雞尾酒杯中。

Cuba Libre
自由古巴

這是以1902年古巴脫離西班牙的獨立戰爭當中的口號「Viva Cuba libre（自由古巴萬歲）」命名的雞尾酒。使用可樂調製出的柔順口感，也非常適合在海灘享用。

- 蘭姆酒（白）……45mℓ
- 萊姆汁……10mℓ
- 可樂……適量
- 萊姆片

將蘭姆酒和萊姆汁倒入裝有冰塊的酒杯中，再加入冰鎮可樂直到滿杯，然後輕輕攪拌一下。依個人喜好以萊姆片為裝飾。

Cuban
古巴

20度　中口　搖盪法

酒名的由來是蘭姆酒的產地古巴。調合了杏桃白蘭地和萊姆汁，襯托出蘭姆酒的風味。如果將基酒更換成白蘭地，就成了「古巴雞尾酒（P.170）」。

- 蘭姆酒（白）……35mℓ
- 杏桃白蘭地……15mℓ
- 萊姆汁……10mℓ
- 紅石榴糖漿……2 tsp

將材料搖晃均勻，然後倒入雞尾酒杯中。

Kingstone

京斯頓

京斯頓是牙買加的首都。使用有許多濃香型蘭姆酒的牙買加蘭姆酒（黑蘭姆酒或金蘭姆酒），調製成香氣豐富的飲品。

牙買加蘭姆酒……30mℓ
白庫拉索酒……15mℓ
檸檬汁……15mℓ
紅石榴糖漿……1 dash

將材料搖晃均勻，然後倒入雞尾酒杯中。

Green Eyes

綠眼

這是在1983年「全美雞尾酒大賽」中榮獲西部地區第1名的作品。接著在隔年也成為洛杉磯奧運的官方指定調酒。椰子風味的哈密瓜味道十分出色。

蘭姆酒（金）……30mℓ
蜜多麗（哈密瓜香甜酒）……25mℓ
鳳梨汁……45mℓ
椰奶……15mℓ
萊姆汁……15mℓ
碎冰……1 cup
萊姆片

將材料放入果汁機中攪打均勻，然後倒入酒杯中，以萊姆片為裝飾。

Grog
格羅格

9度 中口 直調法

黑蘭姆酒特有的深沉香味和檸檬的酸味融合而成，是一款順口的熱飲雞尾酒。肉桂棒和丁香使風味更加突出。

蘭姆酒（黑）	45mℓ
檸檬汁	15mℓ
方糖	1個
肉桂棒、丁香	

將材料倒入熱飲用的酒杯中，再加入熱水直到滿杯，然後輕輕攪拌一下。依個人喜好添加肉桂棒和丁香。

Coral
珊瑚

將很適合搭配果汁的白蘭姆酒和杏桃白蘭地混合，調製成充滿南國印象的雞尾酒。可以品嘗到酸味和甜味的絕妙平衡。

蘭姆酒（白）	30mℓ
杏桃白蘭地	10mℓ
葡萄柚汁	10mℓ
檸檬汁	10mℓ

將材料搖晃均勻，然後倒入雞尾酒杯中。

Golden Friend
金色友人

15度 中口 搖盪法

1982年「阿瑪雷托・迪莎羅娜國際大賽」的得獎作品。黑蘭姆酒和阿瑪雷托的濃厚風味非常契合，調製出有點懷舊味道的長飲型雞尾酒。

蘭姆酒（黑）	20mℓ
阿瑪雷托杏仁香甜酒	20mℓ
檸檬汁	20mℓ
可樂	適量
檸檬片	

將可樂以外的材料搖晃均勻，倒入裝有冰塊的酒杯中，再加入冰鎮可樂直到滿杯，然後輕輕攪拌一下。依個人喜好以檸檬片為裝飾。

Jamaica Joe

牙買加小子

25度　甘口　搖盪法

以「牙買加小子」為名的咖啡風味甜味雞尾酒。將使用牙買加的特產藍山咖啡製作的蒂亞瑪麗亞咖啡香甜酒，以及蛋黃香甜酒艾德沃卡特（Advocaat）組合在一起，調製出味道香醇，口感出乎意料的飲品。

蘭姆酒（白）……………………………20mℓ
蒂亞瑪麗亞（咖啡香甜酒）………………20mℓ
艾德沃卡特蛋黃香甜酒（P.149）…………20mℓ
紅石榴糖漿………………………………1 tsp

將紅石榴糖漿以外的材料搖晃均勻，然後倒入雞尾酒杯中，最後讓紅石榴糖漿沉入杯底。

Shanghai

上海

中國的商業城市上海，從很久以前就繁榮至今。這是以上海命名的雞尾酒。在個性豐富的牙買加蘭姆酒（黑蘭姆酒或金蘭姆酒）當中，加入保樂茴香香甜酒獨特的芳香，調製出洋溢著異國風味的一杯雞尾酒。原本的酒譜不是使用保樂茴香香甜酒，而是使用「茴香籽香甜酒（Anisette）」來製作。

牙買加蘭姆酒……………………………30mℓ
保樂茴香香甜酒…………………………10mℓ
檸檬汁……………………………………20mℓ
紅石榴糖漿…………………………2 dashes

將材料搖晃均勻，然後倒入雞尾酒杯中。

Sky Diving

高空跳傘

20度　中口　搖盪法

這是1967年「全日本調酒師協會主辦的雞尾酒競賽」第1名的得獎作品。美到令人屏息的深藍色令人留下深刻的印象，酸味和甜味調合得恰到好處。

蘭姆酒（白）……………… 30mℓ
藍庫拉索酒……………… 20mℓ
萊姆汁……………………… 10mℓ

將材料搖晃均勻，然後倒入雞尾酒杯中。

Scorpion

天蠍座

25度　中口　搖盪法

這杯雞尾酒以「天蠍座」為名，又稱「蠍子」，是誕生於夏威夷的熱帶風味飲品。儘管烈酒的量稍多了一點，卻以像鮮榨果汁一樣清爽的口感為特色。

蘭姆酒（白）……………… 45mℓ
白蘭地……………………… 30mℓ
柳橙汁……………………… 20mℓ
檸檬汁……………………… 20mℓ
萊姆汁（萊姆糖漿）……… 15mℓ
柳橙片、瑪拉斯奇諾櫻桃

將材料搖晃均勻，然後倒入裝滿碎冰的酒杯中，依個人喜好以柳橙片、瑪拉斯奇諾櫻桃為裝飾。

Sonora

回音

33度　辛口　搖盪法

Sonora在西班牙文中是「聲音」或「回音」的意思。蘭姆酒和蘋果白蘭地合奏出絕妙的和聲，杏桃白蘭地和檸檬汁的風味也恰到好處地融合在其中。

蘭姆酒（白）……………… 30mℓ
蘋果白蘭地……………… 30mℓ
杏桃白蘭地……………… 2 dashes
檸檬汁……………………… 1 dash

將材料搖晃均勻，然後倒入雞尾酒杯中。

Zombie

殭屍

19度 中口 搖盪法

Zombie是在西印度群島流傳的迷信中，受到魔術師操縱的死人。這是一杯混合了3種蘭姆酒的新穎雞尾酒，裡面還使用了很多果汁，喝起來特別對味。

蘭姆酒（白）……20mℓ
蘭姆酒（金）……20mℓ
蘭姆酒（黑）……20mℓ
杏桃白蘭地……10mℓ
柳橙汁……15mℓ
鳳梨汁……15mℓ
檸檬汁……10mℓ
紅石榴糖漿……5mℓ
柳橙片

將材料搖晃均勻，然後倒入裝滿碎冰的酒杯中，以柳橙片為裝飾。

Daiquiri

黛綺莉

Daiquiri是古巴一座礦山的名字。以蘭姆酒為基底的雞尾酒，這杯最具代表性，以充滿清涼感的酸味為特色。如果將純糖漿更換成紅石榴糖漿的話，就成了「百加得（P.116）」。

蘭姆酒（白）……45mℓ
萊姆汁……15mℓ
純糖漿……1 tsp

將材料搖晃均勻，然後倒入雞尾酒杯中。

Chinese
中國人

38度  中口 搖盪法

蘭姆酒的分量稍多一點，然後加入水果類的香甜酒增添酸味和甜味，藉由苦精和檸檬皮添加了清爽的香氣，調製出味道相當刺激的雞尾酒。

- 蘭姆酒（白）……60mℓ
- 橘庫拉索酒……2 dashes
- 瑪拉斯奇諾櫻桃酒……2 dashes
- 紅石榴糖漿……2 dashes
- 安格仕苦精……1 dash
- 檸檬皮、瑪拉斯奇諾櫻桃

將材料搖晃均勻，然後倒入雞尾酒杯中，以用雞尾酒叉刺入的瑪拉斯奇諾櫻桃為裝飾，擠壓檸檬皮噴附皮油。

Nevada
內華達

23度 中口 搖盪法

內華達是位於美國西部一個州的州名。將蘭姆酒、萊姆汁和葡萄柚汁混合，調製出清新爽快的口感。

- 蘭姆酒（白）……36mℓ
- 萊姆汁……12mℓ
- 葡萄柚汁……12mℓ
- 砂糖（純糖漿）……1 tsp
- 安格仕苦精……1 dash

將材料搖晃均勻，然後倒入雞尾酒杯中。

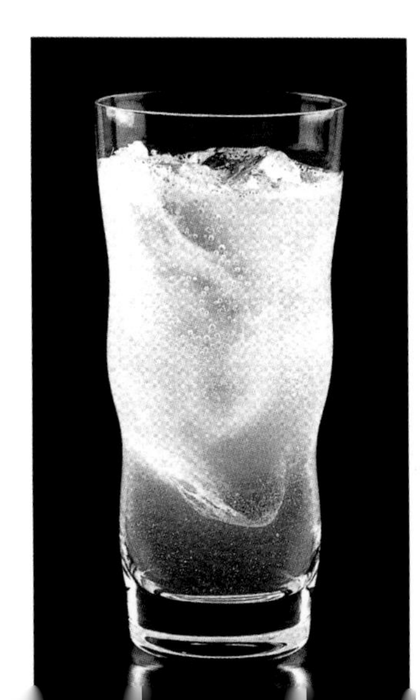

Pineapple Fizz
鳳梨費士

15度 中口 搖盪法

使用鳳梨汁調製而成的費士類型長飲型雞尾酒。味道就像是鳳梨口味的「琴費士（P.70）」。

- 蘭姆酒（白）……45mℓ
- 鳳梨汁……20mℓ
- 純糖漿……1 tsp
- 蘇打水……適量

將蘇打水以外的材料搖晃均勻，倒入裝有冰塊的酒杯中，再加入冰鎮蘇打水直到滿杯，然後輕輕攪拌一下。

Bacardi

百加得

28度　中口　搖盪法

這是古巴百加得公司在促銷自家生產的蘭姆酒時所設計出來的雞尾酒。1936年，因紐約最高法院做出的判決「這款雞尾酒必須使用百加得蘭姆酒調製」，而一躍成名。這也可以說是「黛綺莉（P.114）」的改良版。

百加得蘭姆酒（白）……………………… 45mℓ
萊姆汁……………………………………… 15mℓ
紅石榴糖漿………………………………… 1 tsp

將材料搖晃均勻，然後倒入雞尾酒杯中。

Havana Beach

哈瓦那海灘

17度　甘口　搖盪法

古巴以蘭姆酒的產地而聞名，這是以古巴的首都哈瓦那命名的雞尾酒。其中大量使用充滿加勒比海島嶼風味的鳳梨汁，調製出熱帶的味道。因為口感相當甜，所以純糖漿稍微減少一點，或是不加也沒關係。

蘭姆酒（白）……………………………… 30mℓ
鳳梨汁……………………………………… 30mℓ
純糖漿……………………………………… 1 tsp

將材料搖晃均勻，然後倒入雞尾酒杯中。

Bahama

巴哈馬

24度 中口 搖盪法

以位於西印度群島西北部的島國巴哈馬為名的雞尾酒。在蘭姆酒當中加入南方安逸香甜酒，調製出水果的味道，再添加香蕉香甜酒的甜美芳香。

- 蘭姆酒（白）……20mℓ
- 南方安逸香甜酒……20mℓ
- 檸檬汁……20mℓ
- 香蕉香甜酒……1 dash

將材料搖晃均勻，然後倒入雞尾酒杯中。

Piña Colada

鳳梨可樂達

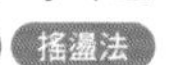

8度 甘口 搖盪法

Piña Colada是西班牙文「鳳梨田」的意思。這款經典的熱帶雞尾酒誕生於加勒比海，而後在美國蔚為風潮。鳳梨和椰奶醇厚的味道和諧地交融成絕佳的飲品。

- 蘭姆酒（白）……30mℓ
- 鳳梨汁……80mℓ
- 椰奶……30mℓ
- 鳳梨角、綠櫻桃

將材料搖晃均勻，然後倒入裝滿碎冰的酒杯中，依個人喜好以鳳梨角和綠櫻桃為裝飾。

Platinum Blonde

銀髮女郎

20度 中口 搖盪法

這是以「銀色頭髮的美女」命名的雞尾酒。因為只靠白庫拉索酒帶來甜味，所以儘管含有濃郁滑順的鮮奶油，卻意外地調製出清爽的風味。

- 蘭姆酒（白）……20mℓ
- 白庫拉索酒……20mℓ
- 鮮奶油……20mℓ

將材料充分搖晃均勻，然後倒入雞尾酒杯中。

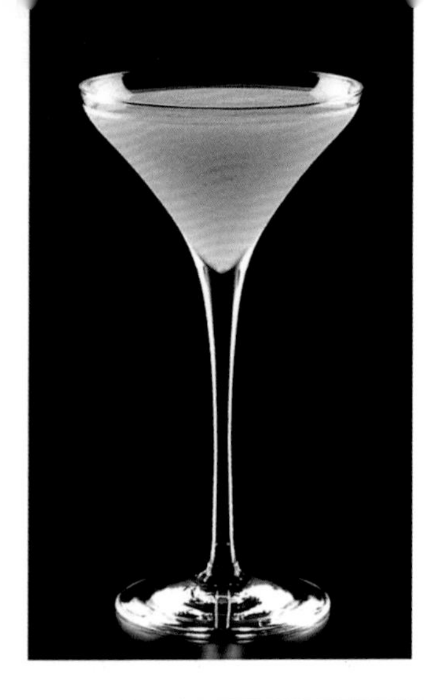

Planter's Cocktail

莊園主雞尾酒

17度 中口 搖盪法

Planter的意思是「農場主人」或是「在農場工作的人」。這杯很像是誕生於南國的雞尾酒，是使用很多柳橙汁調製而成的熱帶雞尾酒。

蘭姆酒（白）……………… 30mℓ
柳橙汁 …………………… 30mℓ
檸檬汁 ………………… 3 dashes

將材料搖晃均勻，然後倒入雞尾酒杯中。

Planter's Punch

莊園主賓治

35度 中口 搖盪法

將牙買加生產的、具有強烈個性的蘭姆酒（黑或金）和白庫拉索酒混合，調製出洋溢著熱帶氣息的雞尾酒。由於蘭姆酒的比例偏多，因此酒精濃度相當的高。

牙買加蘭姆酒 ……………… 60mℓ
白庫拉索酒 ………………… 30mℓ
砂糖（純糖漿）………… 1～2 tsp
萊姆片、薄荷葉

將材料搖晃均勻，然後倒入裝滿碎冰的酒杯中，以萊姆片和薄荷葉為裝飾，附上吸管。

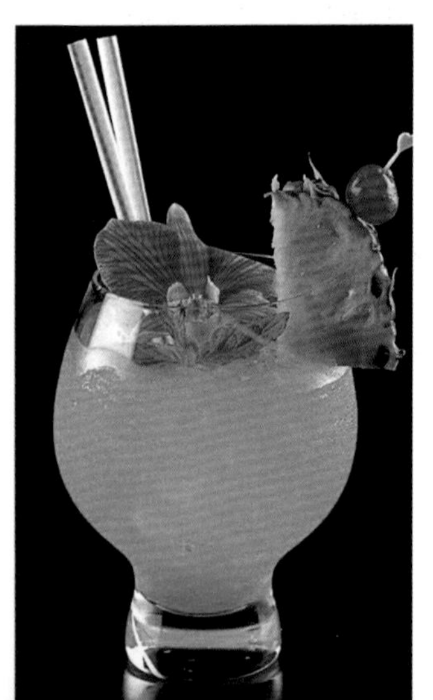

Blue Hawaii

藍色夏威夷

14度 中口 搖盪法

以常年如夏的夏威夷島的湛藍海洋構思出來的熱帶風味飲品。特色是藍庫索拉酒和鳳梨汁清爽的酸味。添加大量的季節花卉或水果作為裝飾。

蘭姆酒（白）……………… 30mℓ
藍庫索拉酒 ………………… 15mℓ
鳳梨汁 ……………………… 30mℓ
檸檬汁 ……………………… 15mℓ
鳳梨角、瑪拉斯奇諾櫻桃、薄荷葉

將材料搖晃均勻，然後倒入裝滿碎冰的較大型酒杯中，以鳳梨角等個人喜好的水果或花卉為裝飾。

Frozen Strawberry Daiquiri

霜凍草莓黛綺莉

7度 中口 攪打法

這款雞尾酒充分展現新鮮草莓的味覺和色澤，是「霜凍黛綺莉」的變化款。同樣的調製方法，也可以用各種不同的水果來製作。

蘭姆酒（白）	30mℓ
萊姆汁	10mℓ
白庫拉索酒	1 tsp
純糖漿	½～1 tsp
新鮮草莓	2～3個
碎冰	1 cup

將裝飾用草莓以外的材料以果汁機攪打均勻，然後倒入酒杯中，附上吸管。依個人喜好以分切的草莓片為裝飾。

Frozen Daiquiri

霜凍黛綺莉

8度 中口 攪打法

這是大文豪海明威很愛品飲的、不加砂糖的雞尾酒，非常有名。它是具有代表性的霜凍類型雞尾酒，很適合在炎熱的夏天裡喝上一杯。

蘭姆酒（白）	40mℓ
萊姆汁	10mℓ
白庫拉索酒	1 tsp
砂糖（純糖漿）	1 tsp
碎冰	1 cup
薄荷葉	

將材料以果汁機攪打均勻，然後倒入酒杯中，以薄荷葉為裝飾。

Frozen Banana Daiquiri

霜凍香蕉黛綺莉

7度 中口 攪打法

使用香蕉香甜酒和新鮮香蕉調製而成，是「霜凍黛綺莉」的另一個變化款。若是加入太多香蕉，水分變多，味道會變淡，必須多加留意。

蘭姆酒（白）	30mℓ
香蕉香甜酒	10mℓ
檸檬汁	15mℓ
純糖漿	1 tsp
新鮮香蕉	⅓根
碎冰	1 cup

將材料以果汁機攪打均勻，然後倒入酒杯中，附上吸管。

Boston Cooler

波士頓酷樂

15度 中口 搖盪法

以美國東部的城市波士頓命名的長飲型雞尾酒，特色是帶有清涼感的暢快滋味。若是將薑汁汽水更換成蘇打水加進去，就成了「蘭姆費士」。

蘭姆酒（白）	45mℓ
檸檬汁	20mℓ
純糖漿	1 tsp
薑汁汽水	適量

將薑汁汽水以外的材料搖晃均勻，倒入裝有冰塊的酒杯中，再加入冰鎮薑汁汽水直到滿杯，然後輕輕攪拌一下。

Hot Buttered Rum

奶油熱蘭姆酒

15度 中口 直調法

這是在冬季酷寒的英國構思出來的一款代表性熱飲酒品，從很久以前就廣受喜愛。黑蘭姆酒的濃厚味道和奶油的芳醇是最佳搭檔。如果在意甜度的話，可以減少砂糖的用量。

蘭姆酒（黑）	45mℓ
方糖	1個
奶油	1小塊
熱水	適量

將方糖放入熱飲用的酒杯中，加入少量的熱水溶解方糖，倒入蘭姆酒之後再加入熱水直到滿杯，然後輕輕攪拌一下。最後讓奶油浮在頂層。

Miamia

邁阿密

33度 中口 搖盪法

以白蘭姆酒和白薄荷香甜酒組合成洋溢著清涼感的一款雞尾酒。若是將白薄荷香甜酒更換成白庫拉索酒，就成了名為「邁阿密海灘」的雞尾酒。

蘭姆酒（白）	40mℓ
白薄荷香甜酒	20mℓ
檸檬汁	$\frac{1}{2}$ tsp

將材料搖晃均勻，然後倒入雞尾酒杯中。

Mai Tai

邁泰

25度 中口 搖盪法

這是在全世界都深受喜愛的熱帶雞尾酒女王。Mai Tai是玻里尼西亞語「最棒」的意思。若是在南方島嶼的沙灘酒吧或泳池邊品飲，真是至高無上的享受！

蘭姆酒（白）…… 45mℓ
橘庫拉索酒…… 1 tsp
鳳梨汁…… 2 tsp
柳橙汁…… 2 tsp
檸檬汁…… 1 tsp
蘭姆酒（黑）…… 2 tsp
鳳梨角、柳橙片、瑪拉斯奇諾櫻桃、綠櫻桃

將黑蘭姆酒以外的材料搖晃均勻，倒入裝滿碎冰的較大型酒杯中，最後讓黑蘭姆酒漂浮在頂層。依個人喜好以水果或花卉為裝飾。

Millionaire

百萬富翁

25度 中口 搖盪法

這是以百萬富翁為名的雞尾酒。將恰到好處的2種果實類香甜酒混合，充滿魅力的酸味和甜味，調製出喝起來很對味的水果風味。

蘭姆酒（白）…… 15mℓ
黑刺李琴酒…… 15mℓ
杏桃白蘭地…… 15mℓ
萊姆汁…… 15mℓ
紅石榴糖漿…… 1 dash

將材料搖晃均勻，然後倒入雞尾酒杯中。

Mary Pickford
瑪莉碧克馥

18度　甘口　搖盪法

瑪莉碧克馥是在默片時代非常活躍的美國女星的名字。將鳳梨汁和紅石榴糖漿融合在一起，調製成口感柔順的甜味雞尾酒。

- 蘭姆酒（白）……………… 30mℓ
- 鳳梨汁 …………………… 30mℓ
- 紅石榴糖漿 ……………… 1 tsp
- 瑪拉斯奇諾櫻桃酒 ……… 1 dash

將材料搖晃均勻，然後倒入雞尾酒杯中。

Mojito
莫西多

25度　中口　直調法

在蘭姆酒和萊姆汁當中加入薄荷葉，享受碎冰帶來的清涼感，是適合夏天品飲的雞尾酒。充分攪拌至酒杯的表面結霜為止，是讓酒變得好喝的重點。

- 蘭姆酒（金）……………… 45mℓ
- 新鮮萊姆 ………………… ½個
- 純糖漿 …………………… 1 tsp
- 薄荷葉 …………………… 6～7片

擠壓萊姆的汁液，並且將萊姆連皮放入酒杯中，加入薄荷葉和純糖漿之後輕輕搗壓。裝滿碎冰之後倒入蘭姆酒，然後充分攪拌。

Rum & Pineapple
蘭姆鳳梨

15度　中口　直調法

混合黑蘭姆酒和鳳梨汁調製出南國風味的簡易雞尾酒。適度的酸味和甜味突顯出蘭姆酒的味道，爽快的口感充滿水果風味。

- 蘭姆酒（黑）……………… 45mℓ
- 鳳梨汁 …………………… 適量
- 鳳梨角、綠櫻桃

將材料倒入裝有冰塊的酒杯中，然後輕輕攪拌一下，以鳳梨角和綠櫻桃為裝飾。

Rum Caipirinha

蘭姆卡琵莉亞

28度　中口　直調法

Caipirinha是葡萄牙文「鄉村女孩」的意思。原本是用名為「卡莎夏（Cachaça）」的巴西產蘭姆酒調製而成。新鮮萊姆的味道與濃厚的蘭姆酒風味非常契合。

蘭姆酒（白）……………… 45mℓ
新鮮萊姆………………… ½～1個
砂糖（純糖漿）………… 1～2 tsp

將切成大塊的萊姆放入酒杯中，加入砂糖之後充分搗壓。加入碎冰之後倒入蘭姆酒，然後攪拌一下，附上攪拌棒。

Rum Cooler

蘭姆酷樂

14度　中口　搖盪法

這是以蘭姆酒為基底的酷樂類型（P.42）長飲型雞尾酒。萊姆汁的爽快感十分清爽，喝起來很順口。

蘭姆酒（白）……………… 45mℓ
萊姆汁 ……………………… 20mℓ
紅石榴糖漿 ………………… 1 tsp
蘇打水 ……………………… 適量

將蘇打水以外的材料搖晃均勻，倒入裝有冰塊的可林杯中，再加入冰鎮蘇打水直到滿杯，然後輕輕攪拌一下。

Rum & Cola

蘭姆可樂

12度　中口　直調法

雖然只是蘭姆酒兌可樂這樣的簡單酒譜，但是入喉時的清爽感使它成為很受歡迎的雞尾酒。也可以改用威士忌、伏特加和龍舌蘭等個人喜好的烈酒調製而成。

蘭姆酒（任何顏色皆可）
……………………… 30～45mℓ
可樂 ……………………… 適量
檸檬角

將蘭姆酒倒入裝有冰塊的酒杯中，再加入冰鎮可樂直到滿杯，擠入檸檬的汁液，並且將檸檬放入酒杯中，然後輕輕攪拌一下。

Rum Collins

蘭姆可林斯

將「湯姆可林斯（P.74）」的基酒從琴酒換成蘭姆酒調製而成的雞尾酒。清爽的清涼感，喝起來很順口。這裡雖是使用黑蘭姆酒調製，但是不管使用哪種顏色的蘭姆酒作為基底都OK。

蘭姆酒（黑）……45mℓ
檸檬汁……20mℓ
純糖漿……1～2 tsp
蘇打水……適量
檸檬片

將蘇打水以外的材料搖晃均勻，倒入裝有冰塊的可林杯中，再加入冰鎮蘇打水直到滿杯，然後輕輕攪拌一下。依個人喜好以檸檬片為裝飾。

Rum Julep

蘭姆茱莉普

使用白色＆黑色2種蘭姆酒調製而成的茱莉普類型（P.43）長飲型雞尾酒，口感爽快，是適合夏天品飲的雞尾酒。充分攪拌至酒杯的表面結霜為止，是讓酒變得好喝的重點。

蘭姆酒（白）……30mℓ
蘭姆酒（黑）……30mℓ
砂糖（或純糖漿）……2 tsp
水……30mℓ
薄荷葉……4～5片

將蘭姆酒以外的材料放入可林杯中，一邊使砂糖溶解一邊搗壓薄荷葉。在杯中裝滿碎冰之後倒入蘭姆酒，充分攪拌均勻，然後附上吸管。

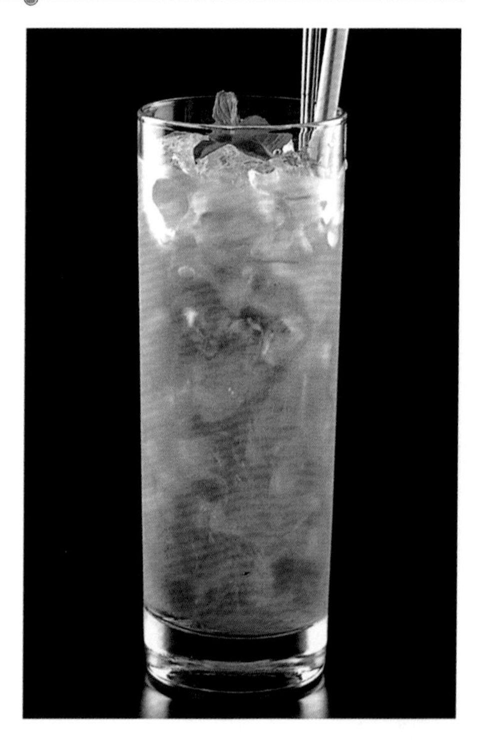

Rum & Soda
蘭姆蘇打

14度 中口 直調法

將黑蘭姆酒摻兌蘇打水之後享用的簡易雞尾酒。可以盡情享受個性豐富的蘭姆酒之熟成感。除了黑蘭姆酒之外，作為基底的蘭姆酒，可依個人喜好，選用哪種蘭姆酒都無妨。

蘭姆酒（黑）……………… 45mℓ
蘇打水 …………………… 適量
萊姆片

將蘭姆酒倒入裝有冰塊的酒杯中，再加入冰鎮蘇打水直到滿杯，然後輕輕攪拌一下。依個人喜好以萊姆片為裝飾。

Rum & Tonic
蘭姆通寧

14度 中口 直調法

將口感溫和的金蘭姆酒摻兌通寧水，調製出入喉清爽的雞尾酒。作為基底的蘭姆酒，使用哪種蘭姆酒來調製都可以。

蘭姆酒（金）……………… 45mℓ
通寧水 …………………… 適量
萊姆角

將蘭姆酒倒入裝有冰塊的酒杯中，再加入冰鎮通寧水直到滿杯，然後輕輕攪拌一下。依個人喜好以萊姆角為裝飾。

Little Princess
小公主

28度 中口 攪拌法

以「小公主」這麼可愛的名稱來命名的一款雞尾酒。雖然只是以白蘭姆酒和甜香艾酒調製而成的簡易雞尾酒，口感卻有點堅實強硬。

蘭姆酒（白）……………… 30mℓ
甜香艾酒 ………………… 30mℓ

將材料倒入攪拌杯中攪拌均勻，然後倒入雞尾酒杯中。

龍舌蘭雞尾酒

Tequila Base Cocktails

充分利用墨西哥特產的烈酒調製，有很多個性豐富的雞尾酒。
也很適合搭配香甜酒或果汁。

Ice-Breaker

破冰船

20度 中口 搖盪法

Ice-Breaker是「破冰船」或「碎冰器」的意思。有時也轉化為「打破僵局者」的意思。這是以龍舌蘭為基底，葡萄柚汁些微苦味帶來清爽口感的粉紅色雞尾酒。

龍舌蘭……24mℓ
白庫拉索酒……12mℓ
葡萄柚汁……24mℓ
紅石榴糖漿……1 tsp

將材料搖晃均勻，倒入裝有冰塊的古典杯中。

Ambassador

大使

12度 中口 直調法

Ambassador是「大使」或「外交使節」的意思。感覺就很像是「螺絲起子（P.98）」龍舌蘭版的雞尾酒，味道略甜一點。

龍舌蘭……45mℓ
柳橙汁……適量
純糖漿……1 tsp
柳橙片、瑪拉斯奇諾櫻桃

將材料倒入裝有冰塊的酒杯中，然後輕輕攪拌一下。依個人喜好以柳橙片、瑪拉斯奇諾櫻桃為裝飾。

Ever Green

長青樹

11度 中口 搖盪法

混合了洋溢著清涼感的綠薄荷香甜酒，以及以香草和大茴香增添香氣的甜味加利安諾香甜酒，調製出顏色很漂亮的水果風味雞尾酒。

龍舌蘭……30mℓ
綠薄荷香甜酒……15mℓ
加利安諾香甜酒……10mℓ
鳳梨汁……90mℓ
鳳梨角、薄荷葉、瑪拉斯奇諾櫻桃、綠櫻桃

將材料搖晃均勻，然後倒入裝有冰塊的酒杯中。依個人喜好以鳳梨角、薄荷葉、瑪拉斯奇諾櫻桃、綠櫻桃為裝飾。

El Diablo

惡魔

11度 中口 直調法

在黑醋栗香甜酒的甜味當中添加了萊姆汁和薑汁汽水的爽快感，調製出以「惡魔」為名的長飲型雞尾酒。

龍舌蘭……30mℓ
黑醋栗香甜酒……15mℓ
新鮮萊姆……½個
薑汁汽水……適量

將龍舌蘭和黑醋栗香甜酒倒入裝有冰塊的酒杯中，擠入萊姆的汁液，並且直接將萊姆放入酒杯中，再加入冰鎮薑汁汽水直到滿杯，然後輕輕攪拌一下。

Orange Margarita

柑橘瑪格麗特

26度 中口 搖盪法

這是以龍舌蘭為基底、很受歡迎的雞尾酒「瑪格麗特（P.136）」的變化款之一。把白庫拉索酒換成橘庫拉索酒，果汁方面也從萊姆汁換成檸檬汁。調製出充滿柑橘風味、口感清爽的雞尾酒。

龍舌蘭……30mℓ
柑曼怡香橙干邑甜酒（橘庫拉索酒）……15mℓ
檸檬汁……15mℓ
鹽（鹽口杯）

將材料搖晃均勻，然後倒入用鹽製作成鹽口杯的雞尾酒杯中。

Corcovado

科科瓦多

20度 中口 搖盪法

科科瓦多是巴西東南部城市里約熱內盧近郊一座山的名稱，以山頂建造了一座巨大的耶穌基督雕像而舉世聞名。龍舌蘭獨特的風味和吉寶蜂蜜香甜酒的藥草香氣交織成爽快的雞尾酒，鮮豔的鈷藍色令人想起南國的海洋，漂亮極了。

龍舌蘭（白）……30mℓ
吉寶蜂蜜香甜酒……30mℓ
藍庫拉索酒……30mℓ
蘇打水……適量
萊姆片

將蘇打水以外的材料搖晃均勻，倒入裝滿碎冰的酒杯中，再加入冰鎮蘇打水直到滿杯，然後輕輕攪拌一下。依個人喜好以萊姆片為裝飾。

Contessa

伯爵夫人

20度 **中口** **搖盪法**

Contessa是義大利文「伯爵夫人」的意思。混入與葡萄柚汁很對味的荔枝香甜酒，調製出充滿水果風味又很順口的雞尾酒。

- 龍舌蘭……30mℓ
- 荔枝香甜酒……10mℓ
- 葡萄柚汁……20mℓ

> 將材料搖晃均勻，然後倒入雞尾酒杯中。

Cyclamen

仙客來

這是由秀麗的仙客來花朵構思出來的雞尾酒。以甜度恰到好處的水果風味口感為特色，沉入杯底的紅石榴糖漿和橙色的對比非常美麗。

- 龍舌蘭……30mℓ
- 君度橙酒……10mℓ
- 柳橙汁……10mℓ
- 檸檬汁……10mℓ
- 紅石榴糖漿……1 tsp
- 檸檬皮

> 將紅石榴糖漿以外的材料搖晃均勻，然後倒入雞尾酒杯中。讓紅石榴糖漿緩緩地沉入杯底，擠壓檸檬皮噴附皮油。

Silk Stockings

玻璃絲襪

25度 **甘口** **搖盪法**

以「絲襪」為名的一款餐後雞尾酒。這是以白蘭地為基底的「亞歷山大（P.168）」的變化款之一，加入糖漿之後，奶香十足的甜度相當濃厚。

- 龍舌蘭……30mℓ
- 可可香甜酒（棕）……15mℓ
- 鮮奶油……15mℓ
- 紅石榴糖漿……1 tsp
- 瑪拉斯奇諾櫻桃

> 將材料充分搖晃均勻，然後倒入雞尾酒杯中，依個人喜好以瑪拉斯奇諾櫻桃為裝飾。

Straw Hat
草帽

12度 辛口 直調法

這是一款使用龍舌蘭兌番茄汁調製成充滿健康感的雞尾酒。這是將「血腥瑪麗（P.103）」的基酒更換成龍舌蘭調製而成的。

- 龍舌蘭……45mℓ
- 番茄汁……適量
- 檸檬角

將龍舌蘭倒入裝有冰塊的酒杯中，再加入冰鎮番茄汁直到滿杯，然後以檸檬角為裝飾。

Sloe Tequila
黑刺李龍舌蘭

22度 中口 搖盪法

龍舌蘭特有的辣味與黑刺李琴酒的風味十分契合的雞尾酒。裝飾物也可以改用西洋芹棒來作為裝飾。

- 龍舌蘭……30mℓ
- 黑刺李琴酒……15mℓ
- 檸檬汁……15mℓ
- 小黃瓜棒

將材料搖晃均勻，倒入裝滿碎冰的古典杯中，以小黃瓜棒為裝飾。

Tequila & Grapefruit
龍舌蘭葡萄柚

12度 中口 直調法

使用與龍舌蘭很對味的葡萄柚汁混合而成的簡易雞尾酒。恰到好處的酸味和微微的苦味，怎麼喝都喝不膩。

- 龍舌蘭……45mℓ
- 葡萄柚汁……適量
- 綠櫻桃

將材料倒入裝有冰塊的酒杯中，然後輕輕攪拌一下。依個人喜好以綠櫻桃為裝飾。

Tequila Sunset

龍舌蘭日落

5度 中口 攪打法

以墨西哥美麗的晚霞構思而成的霜凍類型雞尾酒。以加入檸檬汁的酸味帶來的清爽口感為特色。在炎熱的夏天或泳池畔，讓人好想來一杯。

龍舌蘭 ………… 30mℓ
檸檬汁 ………… 30mℓ
紅石榴糖漿 ………… 1 tsp
碎冰 ………… 1 cup

將材料以果汁機攪打均勻，然後倒入酒杯中，附上吸管。

Tequila Sunrise

龍舌蘭日出

12度 中口 直調法

彷彿令人聯想到墨西哥朝霞的熱情雞尾酒。1970年代，滾石樂團在墨西哥巡迴演出，因樂團主唱米克・傑格熱愛這款調酒，使得它聲名大噪。

龍舌蘭 ………… 45mℓ
柳橙汁 ………… 90mℓ
紅石榴糖漿 ………… 2 tsp
柳橙片

將龍舌蘭和柳橙汁倒入裝有冰塊的酒杯中，輕輕攪拌一下，然後讓紅石榴糖漿緩緩地沉入杯底。依個人喜好以柳橙片為裝飾。

Tequila Martini

龍舌蘭馬丁尼

35度 辛口 攪拌法

這是一款將「不甜馬丁尼（P.84）」的基酒更換成龍舌蘭調成的雞尾酒。又稱為「Tequini」。相較於以琴酒為基酒，口感稍微濃重一點。

龍舌蘭……48mℓ
不甜香艾酒……12mℓ
橄欖、檸檬皮

將材料攪拌均勻，倒入雞尾酒杯中，然後擠壓檸檬皮噴附皮油。依個人喜好以用雞尾酒叉刺入的橄欖為裝飾。

Tequila Manhattan

龍舌蘭曼哈頓

34度 中口 攪拌法

這款雞尾酒是將「曼哈頓（P.165）」的基酒更換成龍舌蘭調製而成的。甜香艾酒的香味十分適合搭配龍舌蘭。相較於以威士忌為基酒調製，味道相當不一樣。

龍舌蘭……45mℓ
甜香艾酒……15mℓ
安格仕苦精……1 dash
綠櫻桃

將材料倒入攪拌杯中攪拌均勻後倒入雞尾酒杯，以綠櫻桃為裝飾。

Tequonic

龍舌蘭通寧

12度 中口 直調法

將「Tequila & Tonic」縮寫成「Tequonic」。在品飲之前擠入萊姆角的汁液，並將萊姆角放入酒杯中，更能突顯龍舌蘭（白龍舌蘭或金龍舌蘭）的美味。

龍舌蘭……45mℓ
通寧水……適量
萊姆角

將龍舌蘭倒入裝有冰塊的酒杯中，再加入冰鎮通寧水直到滿杯，然後輕輕攪拌一下。依個人喜好以萊姆角為裝飾。

Picador
騎馬鬥牛士

35度 甘口 攪拌法

甘口的咖啡香甜酒加上龍舌蘭獨特的風味，屬於口感爽快、味道強勁的雞尾酒。檸檬皮隱約的香氣帶來清爽的感覺。

龍舌蘭……………………30mℓ
咖啡香甜酒………………30mℓ
檸檬皮

將材料倒入攪拌杯中攪拌均勻，然後倒入雞尾酒杯中，擠壓檸檬皮噴附皮油。

Brave Bull
猛牛

32度 中口 直調法

以「勇敢的公牛」為名的雞尾酒。這是將「黑色俄羅斯（P.102）」的基酒更換成龍舌蘭調製而成的，可以直接品嘗到咖啡香甜酒的甜味和苦味。

龍舌蘭……………………40mℓ
咖啡香甜酒………………20mℓ

將材料倒入裝有冰塊的古典杯中，然後輕輕攪拌一下。

French Cactus
法國仙人掌

34度 中口 直調法

以「法國仙人掌」為名的雞尾酒。因為是將法國產的君度橙酒和墨西哥產的龍舌蘭混合，所以取了這個名字。可以盡情享用乾淨俐落的適中味道。

龍舌蘭……………………40mℓ
君度橙酒…………………20mℓ

將材料倒入裝有冰塊的古典杯中，然後輕輕攪拌一下。

Frozen Blue Margarita

霜凍藍色瑪格麗特

7度 中口 攪打法

「霜凍瑪格麗特」的變化款之一。將君度橙酒（白庫拉索酒）更換成藍庫拉索酒，調製出漂亮的藍色，果汁方面則是從萊姆汁換成檸檬汁，更增酸味和爽快感。

龍舌蘭……30mℓ
藍庫拉索酒……15mℓ
檸檬汁……15mℓ
砂糖（純糖漿）……1 tsp
碎冰……1 cup
鹽（鹽口杯）

將材料以果汁機攪打均勻，然後倒入用鹽做成鹽口杯的酒杯中。

Frozen Margarita

霜凍瑪格麗特

7度 中口 攪打法

這是「瑪格麗特（P.136）」的霜凍類型，外觀看起來也很清涼，是適合夏季的雞尾酒。如果將君度橙酒更換成草莓香甜酒，就成了「霜凍草莓瑪格麗特」，若是更換成哈密瓜香甜酒，就成了「霜凍哈密瓜瑪格麗特」。請使用不同的香甜酒試試看。

龍舌蘭……30mℓ
君度橙酒……15mℓ
萊姆汁……15mℓ
砂糖（純糖漿）……1 tsp
碎冰……1 cup
鹽（鹽口杯）

將材料以果汁機攪打均勻，然後倒入用鹽做成鹽口杯的酒杯中。

Broadway Thirst
百老匯渴望

20度 **中口** **搖盪法**

以「百老匯的渴望」為名的雞尾酒。這款誕生於倫敦「薩伏伊飯店」的雞尾酒，特色是在龍舌蘭中混合了果汁，調製出很順口的口感。

- 龍舌蘭 …… 30mℓ
- 柳橙汁 …… 15mℓ
- 檸檬汁 …… 15mℓ
- 砂糖（純糖漿）…… 1 tsp

將材料搖晃均勻，然後倒入雞尾酒杯中。

Matador
鬥牛士

15度 **中口** **搖盪法**

Matador指的是在鬥牛表演中最後上場，用劍刺向牛的咽喉的「鬥牛場英雄」。這是使用龍舌蘭為基酒的代表性雞尾酒之一，口感稍微偏甜，水果風味十足。

- 龍舌蘭 …… 30mℓ
- 鳳梨汁 …… 45mℓ
- 萊姆汁 …… 15mℓ

將材料搖晃均勻，然後倒入裝有冰塊的古典杯中。

Maria Theresa
瑪麗亞泰瑞莎

20度 **中口** **搖盪法**

在龍舌蘭當中添加了萊姆汁和蔓越莓汁的酸味，調製出甜度降低的成人口味。可以品嘗到感覺較輕盈、味道清爽的龍舌蘭。

- 龍舌蘭 …… 40mℓ
- 萊姆汁 …… 20mℓ
- 蔓越莓汁 …… 20mℓ

將材料搖晃均勻，然後倒入雞尾酒杯中。

Margarita

瑪格麗特

26度 中口 搖盪法

1949年「全美雞尾酒大賽」的得獎作品。雞尾酒名稱的由來，源自於創作者的情人，不幸身亡的「瑪格麗特小姐」。以清爽的酸味為特色。

- 龍舌蘭……30mℓ
- 白庫拉索酒……15mℓ
- 萊姆汁……15mℓ
- 鹽（鹽口杯）

將材料搖晃均勻，然後倒入用鹽做成鹽口杯的雞尾酒杯中。

Mexican

墨西哥人

17度 甘口 搖盪法

將墨西哥生產的龍舌蘭和南國特產的鳳梨汁混合在一起，調製成甘口的雞尾酒。藉由加入紅石榴糖漿，增加了更多甜味。

- 龍舌蘭……30mℓ
- 鳳梨汁……30mℓ
- 紅石榴糖漿……1 dash

將材料搖晃均勻，然後倒入雞尾酒杯中。

Mexico Rose

墨西哥玫瑰

24度 中口 搖盪法

以「墨西哥的玫瑰」為名，迷人的雞尾酒。可以品嘗到黑醋栗香甜酒的酸味和甜味這兩者之間巧妙的平衡。

- 龍舌蘭……36mℓ
- 黑醋栗香甜酒……12mℓ
- 檸檬汁……12mℓ

將材料搖晃均勻，然後倒入雞尾酒杯中。

Melon Margarita

哈密瓜瑪格麗特

26度　中口　搖盪法

這是一款將「瑪格麗特（P.136）」的白庫拉索酒更換成哈密瓜香甜酒調製而成的雞尾酒。以美麗的色彩和甜美的口感為特色。也可以依個人喜好，用鹽做成鹽口杯，或是用砂糖做成糖口杯。

- 龍舌蘭……30mℓ
- 哈密瓜香甜酒……15mℓ
- 檸檬汁……15mℓ

將材料搖晃均勻，然後倒入雞尾酒杯中。

Mockingbird

仿聲鳥

25度　中口　搖盪法

Mockingbird是原產於墨西哥，能模仿其他鳥類鳴叫聲的「仿聲鳥」。綠薄荷香甜酒的色彩令人聯想到森林的綠色，格外鮮豔，越喝心情越舒暢。

- 龍舌蘭……30mℓ
- 綠薄荷香甜酒……15mℓ
- 萊姆汁……15mℓ

將材料搖晃均勻，然後倒入雞尾酒杯中。

Rising Sun

朝陽

33度　中口　搖盪法

1963年在「日本調酒師法施行10週年紀念雞尾酒大賽」中榮獲日本厚生大臣獎之作，創作者是今井清先生。在品飲龍舌蘭的同時，也能盡情享受夏翠絲香甜酒輕快的藥草香氣。

- 龍舌蘭……30mℓ
- 夏翠絲黃寶香甜酒……20mℓ
- 萊姆汁（萊姆糖漿）……10mℓ
- 黑刺李琴酒……1 tsp
- 瑪拉斯奇諾櫻桃
- 鹽（鹽口杯）

將材料搖晃均勻，然後倒入用鹽做成鹽口杯的雞尾酒杯中，以瑪拉斯奇諾櫻桃為裝飾。

雞尾酒的材料目錄

調製雞尾酒時，最重要的是酒精類。在這個單元中，會把本書雞尾酒所使用的「作為基底的酒」區分成8個項目予以解說，並且介紹各個項目值得推薦的名酒和具代表性的雞尾酒。

琴酒

Gin

以大麥、玉米和馬鈴薯等穀物為原料製成的無色透明蒸餾酒中，加入杜松子之類的果實增添香氣而製成的酒。1660年，由荷蘭的醫師研發出琴酒當作藥酒，而傳至英國後，沒有特殊異味的「乾型琴酒」就此誕生。如今琴酒大致區分為味道濃厚的「荷蘭類型（Jenever）」和柑橘類清爽香味的「英國類型（乾型琴酒）」，調製雞尾酒時主要是使用後者。

• 推薦的 4 支酒 •

高登倫敦乾型琴酒

✶

大量使用高品質的杜松子製作出的頂級琴酒，約有180個國家喜歡飲用。

37.5度／英國
開放價格（700mℓ）
帝亞吉歐 日本

基爾比琴酒

✶

柑橘類的香氣很明顯，洋溢著清涼感的滑順味道。

37度以上不滿38度／英國
開放價格（700mℓ）
麒麟啤酒

英人琴酒

✶

長久守護自1820年創業以來不變的祕傳配方，清爽的柑橘味道充滿魅力。

47度／英國
1,290日圓（750mℓ）
三得利

龐貝藍鑽琴酒

✶

使用從全世界嚴選的10種植物製作，以深邃華麗的香氣和味道為特色的頂級琴酒。

47度／英國
開放價格（750mℓ）
百加得 日本

琴費士（P.70）

馬丁尼（P.83）

使用[乾型琴酒]調製的知名雞尾酒

●資料標示

酒精濃度／原產國
建議零售價（不含稅）
進口商・銷售商・經銷商

伏特加

Vodka

將大麥、小麥或馬鈴薯等穀物蒸餾之後，經由活性碳過濾，製作出毫無味道和香氣的酒。主要的生產地在俄羅斯等舊蘇聯國家以及挪威等北歐國家、波蘭等中歐國家，不過其他地區也有生產伏特加。以無味無臭、無色透明為特徵，毫無異味的純淨味道最適合作為雞尾酒的基酒。酒精濃度在40～90度以上，範圍廣泛。也有以藥草和辛香料等增添香氣的調味伏特加。

• 推薦的 4 支酒 •

思美洛™ 伏特加

★

不斷創造出許許多多的雞尾酒，世界No.1的頂級伏特加「思美洛™」。

40度／英國
開放價格（750㎖）
麒麟啤酒

坎特一號伏特加

★

使用嚴選小麥製造，以純淨味道和滑順口感為特點的手工製作伏特加。

40度／荷蘭
開放價格（750㎖）
帝亞吉歐 日本

絕對伏特加

★

擁有醇厚滑順的味道和濃烈口感，是堅持使用優質原料製作的頂級伏特加。

40度／瑞典
2,136日圓[含稅]（750㎖）
保樂力加 日本

灰雁伏特加

★

徹底追求最高級品質，在法國生產的最高等級伏特加——超頂級伏特加。

40度／法國
開放價格（700㎖）
百加得 日本

使用[伏特加]調製的知名雞尾酒

莫斯科騾子（P.106）

巴拉萊卡（P.101）

蘭姆酒

Rum

以甘蔗的糖蜜或榨汁為原料製作而成的蒸餾酒，是在世界上最多地方生產的蒸餾酒，從無色透明的酒液，到琥珀色、深焦茶色，隨著原料的不同或熟成期間、宗主國的不同，味道有各種不同的變化。一般而言，未經木桶熟成、無色透明的蘭姆酒稱為「白蘭姆酒」，木桶熟成不滿3年的稱為「金蘭姆酒」，熟成3年以上的稱為「黑蘭姆酒」。

百加得 特調蘭姆酒

✶

作為各種不同雞尾酒的基酒，深受全世界調酒師極大信賴的白蘭姆酒。

40度／波多黎各
開放價格（700mℓ）
百加得 日本

哈瓦那俱樂部3年蘭姆酒

✶

帶有煙燻香氣，伴隨著香草和巧克力風味，歷經3年熟成的頂級白蘭姆酒。

40度／古巴
1,540日圓[含稅]（700mℓ）
保樂力加 日本

麥斯蘭姆酒 Original Dark

✶

存放於橡木桶中熟成4年而成，以甜美華麗的香氣和芳醇濃厚的味道為特點的黑蘭姆酒。

40度／牙買加
開放價格（700mℓ）
麒麟啤酒

薩凱帕23 頂級蘭姆酒

✶

採用獨家的索雷拉（Solera）陳釀系統，將熟成了6～23年擁有各種不同特色的蘭姆酒，混合調配成的黑蘭姆酒逸品。

40度／瓜地馬拉
開放價格（750mℓ）
帝亞吉歐 日本

莫西多（P.122）

黛綺莉（P.114）

使用[蘭姆酒]調製的知名雞尾酒

龍舌蘭

Tequila

原料是形似蘆薈的龍舌蘭植物「藍色龍舌蘭」，原產於墨西哥的蒸餾酒。只有在墨西哥的哈利斯科州及其周邊特定地區所生產的龍舌蘭酒才准許冠上「Tequila」。依在木桶中熟成的時間有不同的等級，未滿2個月稱為「白色（Blanco）」或「銀色（Sliver／Plata）」，熟成期間為2個月～未滿1年稱為「休息過（Reposado）」，1年～未滿3年稱為「陳年（Añejo）」，3年以上稱為「超陳年（Extra Añejo）」。

推薦的 4 支酒

瀟灑藍色龍舌蘭

★

使用100%藍色龍舌蘭製作的「白色龍舌蘭」。擁有來自原料的花香和柑橘類味道。

40度／墨西哥
1,900日圓（750mℓ）
三得利

銀快活傳統龍舌蘭

★

使用100%藍色龍舌蘭製作的「銀色龍舌蘭」。爽快辛辣的味道最適合用來調製雞尾酒。

38度／墨西哥
2,650日圓（700mℓ）
朝日啤酒

馬蹄鐵Reposado龍舌蘭

★

擁有清新的龍舌蘭香氣和高雅圓潤的口感。可以純飲，也可調製雞尾酒。

40度／墨西哥
5,530日圓（750mℓ）
朝日啤酒

培恩陳年龍舌蘭

★

使用100%最高品質的藍色龍舌蘭製作出味道滑順的頂級龍舌蘭。

40度／墨西哥
開放價格（750mℓ）
百加得 日本

使用[龍舌蘭]調製的知名雞尾酒

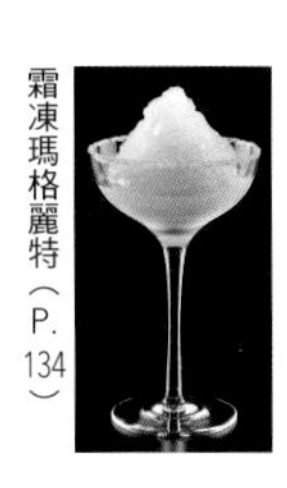

霜凍瑪格麗特（P.134）

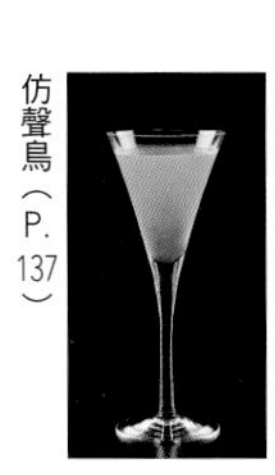

仿聲鳥（P.137）

威士忌

Whisky

以大麥、小麥、玉米等穀物為原料，經過糖化、發酵，還有蒸餾的過程，裝入木桶中熟成而成的酒。在世界各地使用適合當地風土的穀物，受到氣候和自然條件的影響，製作出擁有各種不同個性的威士忌。具有代表性的威士忌有蘇格蘭、愛爾蘭、加拿大、美國（波本、裸麥）、日本，被稱為世界5大威士忌。即使是相同的雞尾酒，也會隨著所使用的威士忌調製出各種不同的味道。

• 推薦的 4 支酒 •

百齡罈紅璽調合威士忌

✶

巧妙地混合40種以上的單一麥芽威士忌，製作出擁有豐富柔順風味的蘇格蘭威士忌。

40度／蘇格蘭
1,390日圓（700mℓ）
三得利

帝王白牌調合威士忌

✶

滑順的味道和華麗的香氣適合調製高球雞尾酒的調合蘇格蘭威士忌。

40度／英國
開放價格（700mℓ）
百加得 日本

美格波本威士忌

✶

以馥郁且如絲綢般滑順的味道，以及柔和的甜味為特色的頂級波本威士忌。

45度／美國
2,800日圓（700mℓ）
三得利

尊美醇愛爾蘭調合威士忌

✶

這款愛爾蘭威士忌，是以經過3次蒸餾製作出豐富香味和滑順味道為特色。

40度／愛爾蘭
2,278日圓[含稅]（700mℓ）
保樂力加 日本

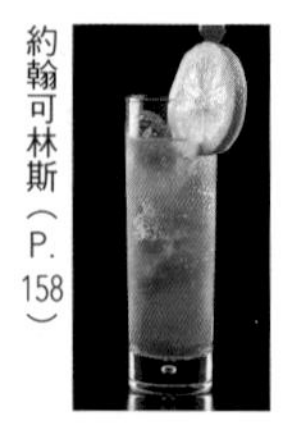

約翰可林斯（P.158）

曼哈頓（P.165）

使用[威士忌]調製的知名雞尾酒

白蘭地

Brandy

以果實酒製作而成的蒸餾酒總稱。單單提到白蘭地的話，指的是以葡萄為原料的葡萄白蘭地，其中以法國的「干邑白蘭地」和「雅瑪邑白蘭地」舉世聞名。有以蘋果為原料的蘋果白蘭地（法國諾曼第地區的蘋果製成的「卡爾瓦多斯（Calvados）」很有名）、以櫻桃為原料的櫻桃白蘭地（德國・黑森林地區的「櫻桃白蘭地（Kirschwasser）」很有名）等。

• 推薦的 4 支酒 •

三得利V.S.O.P

✶

華麗的水果香氣和圓潤的味道，是可以享受到絕佳魅力的白蘭地。

40度／日本
2,500日圓（700mℓ）
三得利

軒尼詩V.S

✶

口感滑順複雜，品嘗得到芳醇的香料和充滿果香的香氣。味道高雅而鮮活的干邑白蘭地。

40度／法國
4,785日圓[含稅]（700mℓ）
MHD 酩悅軒尼詩帝亞吉歐

馬爹利藍帶

✶

令人聯想到糖漬李子和蘋果的華麗香氣，味道高雅而芳醇的干邑白蘭地。

40度／法國
22,220日圓[含稅]（700mℓ）
保樂力加 日本

卡爾瓦多斯 布拉德蘋果白蘭地

✶

混合已經熟成2～5年的原酒。以來自於橡木桶的果香和芳醇的味道為特色。

40度／法國
4,500日圓（700mℓ）
三得利

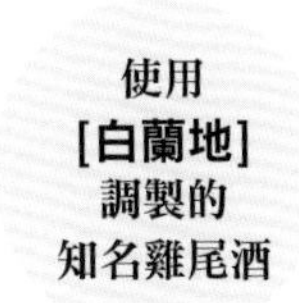

使用[白蘭地]調製的知名雞尾酒

馬頸（P.179）

傑克羅斯（P.172）

葡萄酒

Wine

葡萄酒指的是以葡萄為原料的釀造酒。如果以製造方法分類的話，可以分為紅葡萄酒、白葡萄酒、粉紅葡萄酒等不具有氣泡的「靜態葡萄酒（Still Wine）」，以香檳為代表、具有氣泡的「氣泡葡萄酒（Sparkling Wine）」，以藥草和果實等為葡萄酒增添風味的「加味葡萄酒（Flavored Wine）」，以雪莉酒和波特酒聞名的「強化葡萄酒（Fortified Wine）」等。在調製雞尾酒時，以「加味葡萄酒」尤其重要。

靜態葡萄酒

以「Still＝靜止的」的意思來看，指的是不起泡的普通葡萄酒。雖然有紅、白、粉紅等顏色，香氣、味道也各有不同，但如果要用來調製雞尾酒，請選用個性不太明顯，並且盡可能是辛口型的葡萄酒。價格方面，經濟實惠的葡萄酒就能調製出十分美味的雞尾酒了。

氣泡葡萄酒

以「Sparkling＝起泡」的意思來看，指的是具有氣泡的葡萄酒。如果要用來調製雞尾酒，最好選用發泡性弱、辛口型的葡萄酒。

強化葡萄酒

又稱為「加烈葡萄酒」。它是在發酵前的葡萄汁當中，或是在酒精發酵中（或發酵後）的葡萄酒中，添加了度數很高的酒精製作而成的葡萄酒。西班牙的雪莉酒、葡萄牙的波特酒和馬德拉酒等都很有名。

基爾（P.198）

竹子（P.201）

使用[葡萄酒]調製的知名雞尾酒

加味葡萄酒

在葡萄酒當中加入藥草、果實、香料、甜味劑、香精等，賦予獨特風味的葡萄酒。法國、義大利的「香艾酒」、西班牙的「桑格利亞酒」等很有名。在調製雞尾酒時，「香艾酒」特別重要，有「馬丁尼（P.83）」不可欠缺的辛口「不甜香艾酒」，以及「曼哈頓（P.165）」使用的甘口「甜香艾酒」。

娜利普萊不甜香艾酒

✶

添加了20種以上的藥草，味道高雅的法國香艾酒。

18度／法國
開放價格（750mℓ）
百加得 日本

馬丁尼紅香艾酒

✶

可以充分感受到藥草類微妙的差異，味道很協調的義大利甜香艾酒。

15度／義大利
開放價格（750mℓ）
百加得 日本

◉其他的加味葡萄酒

白麗葉開胃酒

以白葡萄酒為基底，混合了水果香甜酒製成的開胃酒（17度／法國產）。

多寶力香甜酒

將金雞納樹的樹皮與香藥草混合製作而成的開胃酒（14.8度／法國產）。

其他的基酒
Other liquors

啤酒 根據不同的釀造法和酵母種類等，啤酒大致上可以分成「拉格（底層發酵）」和「愛爾（頂層發酵）」這兩大類。所謂「生啤酒」指的是，在發酵槽內熟成之後，只進行過濾，不經加熱處理的啤酒。另外，「司陶特啤酒（P.208）」是啤酒的一種類型，指的是使用烘焙過的大麥，經由頂層發酵釀造而成的深色啤酒。

燒酎 因原料和蒸餾方法不同，大致上可以分成「甲類」和「乙類」。甲類較適合用來調製雞尾酒，以「寶燒酎」和「金宮燒酎（龜甲宮燒酎）」為代表。乙類又稱為「本格燒酎」，依據原料不同而有米燒酎、麥燒酎、芋燒酎等。在沖繩群島製造的「泡盛」，是使用泰國米為原料做成的黑麴製作而成，屬於乙類燒酎，與其他燒酎的製法也不一樣。

香甜酒

Liqueur

香甜酒是一種酒的總稱（又稱為「混成酒」），這種酒是在蒸餾酒（烈酒）當中，加入果實和藥草等風味，再添加染色劑、甜味劑製作而成的。它的種類非常多，因為原料或製造方法不一樣，所以很難分類，但是通常是依據主原料不同，區分成以下4個類別。擁有甜美味道和香氣、色彩豐富的香甜酒，是擴大雞尾酒變化內容時不可或缺的重要角色。最近，市面上出現了許多1000日圓以下就買得到的迷你瓶裝香甜酒，請配合自己的喜好，務必嘗試看看。

		香甜酒的種類（也包含原料名、商品名）
水果類香甜酒	以柳橙、杏桃、庫拉索酒等為代表的果實・果皮類香甜酒。水果的味道和色彩的豐富多樣為其魅力所在。使用所有的水果作為原料，是種類最多的類別。	水蜜桃、杏桃、哈密瓜、黑醋栗、櫻桃、荔枝、覆盆子、椰子、黑刺李琴酒、藍莓、草莓、白庫拉索酒、橘庫拉索酒、藍庫拉索酒、南方安逸、柑橘、檸檬、梨子、蘋果、芒果、香蕉、鳳梨、百香果、木瓜、奇異果、山竹、番石榴、瑪拉斯奇諾櫻桃酒等。
藥草類香甜酒	以金巴利、薄荷香甜酒、夏翠絲為代表，藥草、香草、香料類的香甜酒。有的品項是中世紀時修道院製作出來當做藥酒使用的，這個類別有許多歷史悠久且重要香甜酒。	金巴利、吉寶蜂蜜香甜酒、廊酒、薄荷、夏翠絲、法國茴香酒、保樂茴香香甜酒、茴香酒、阿馬羅利口酒、紫羅蘭香甜酒、加利安諾香甜酒、皮康橙香開胃酒、吉拿開胃香甜酒、蘇茲香甜酒、櫻花、紅茶、綠茶等。
堅果・種子類香甜酒	卡魯哇、阿瑪雷托、黑醋栗香甜酒等，使用果實的種子、果核、堅果類等製作而成的香甜酒。以濃厚的香味為特色，也有很多香甜酒就像甜點一樣當做餐後酒來享用。	阿瑪雷托、咖啡、可可、榛果、夏威夷豆、香草等。
其他的香甜酒	不屬於上述任何一個類別的特殊類型。	鮮奶油、巧克力、牛奶、蛋、優格等。

杏桃酷樂（P.181）

綠色蚱蜢（P.184）

使用[香甜酒]調製的知名雞尾酒

水果類香甜酒

波士 杏桃白蘭地

使用新鮮的杏桃汁製成，豐富而醇厚的味道相當具有魅力。

24度／荷蘭／
1,740日圓（700mℓ）／
朝日啤酒

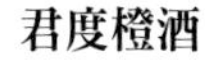

君度橙酒

白庫拉索酒的逸品。以甜橙和苦橙的果皮為主原料，香氣濃郁的柑橘香甜酒。

24度／法國／2,200日圓
[含稅]（700mℓ）／
人頭馬君度 日本

高登 黑刺李琴酒

以琴酒為基底，將黑刺李浸泡在裡面，製作成無染色＆自然完成的香甜酒。

26度／蘇格蘭／
開放價格（700mℓ）／
Japan Import System

DITA 荔枝香甜酒

具有荔枝的豐潤甜味和洗練的上等味道，口感柔滑的香甜酒。

24度／法國／3,612日圓
[含稅]（700mℓ）／
保樂力加 日本

柑曼怡 香橙干邑香甜酒

以嚴選的干邑白蘭地和加勒比海的苦橙當作原料，是一款頂級的柑橘香甜酒。

40度／法國／2,750日圓
[含稅]（700mℓ）／
CT SPIRITS JAPAN

蜜多麗 哈密瓜香甜酒

這款哈密瓜香甜酒，有著漂亮的綠色以及哈密瓜帶來的水果風味和清爽香氣。

20度／日本／
2,200日圓（700mℓ）／
三得利

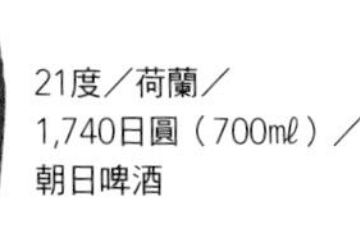

波士 藍柑橘香甜酒

這一款藍庫拉索酒，是以清爽的柑橘風味和閃耀的藍色令人印象深刻。

21度／荷蘭／
1,740日圓（700mℓ）／
朝日啤酒

希琳 櫻桃香甜酒

可以品嘗到櫻桃的水果風味，味道清淡＆自然的櫻桃香甜酒。

24度／丹麥／
2,400日圓（700mℓ）／
三得利

南方安逸香甜酒

以果實和香料等風味混合出味道獨特的果實類香甜酒。

21度／美國／
1,480日圓（750mℓ）／
朝日啤酒

馬里布 椰子香甜酒

椰子的甜香滿載熱帶風情。

21度／英國／
1,360日圓（700mℓ）／
三得利

樂傑 黑醋栗香甜酒

洋溢著野性味道的黑醋栗，飄散出清爽的香氣，是黑醋栗香甜酒的始祖。

20度／法國／
1,560日圓（700mℓ）／
三得利

樂傑 水蜜桃香甜酒

使用南法生產的新鮮桃子製成，有著上等清爽風味的水蜜桃香甜酒。

15度／法國／
1,390日圓（700mℓ）／
三得利

水果類香甜酒

樂傑 草莓香甜酒

草莓的香氣和隱約的新鮮甜味在口中擴散開來。

15度／法國／
1,630日圓（700ml）／
三得利

樂傑 覆盆莓香甜酒

可品嘗到覆盆子的芳醇香氣和自然甜味。

15度／法國／
1,630日圓（700ml）／
三得利

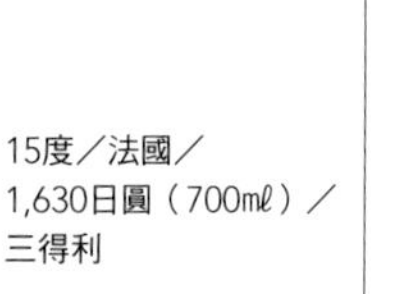

波士 香蕉香甜酒

在成熟香蕉濃厚的甜香當中，有著香草和杏仁微微香氣的香蕉香甜酒。

17度／荷蘭／
1,740日圓（700ml）／
朝日啤酒

藥草類香甜酒

金巴利香甜酒

隱約的甜味和微微的苦味在全世界都深受喜愛，來自義大利米蘭的藥草香甜酒。

25度／義大利／
2,002日圓[含稅]（750ml）
／CT SPIRITS JAPAN

波士 完美愛情紫羅蘭香甜酒

除了花瓣（主要為紫羅蘭和玫瑰），還能感受到香草、橙皮、杏仁的花卉香甜酒。

24度／荷蘭／
1,740日圓（700ml）／
朝日啤酒

DOM廊酒

1510年法國班尼狄克特修道院所發明，作為長壽祕酒之用的藥草類香甜酒。

40度／法國／
開放價格（750ml）／
百加得 日本

夏翠絲黃寶香甜酒

使用藥草等天然素材製作出來的顏色和味道，令人聯想到蜂蜜的柔和甜味。

43度／法國／
4,950日圓（700ml）／
UNION LIQUORS

夏翠絲綠寶香甜酒

可以感受到藥草的清爽香氣，以及薄荷強烈辛味的香甜酒。

55度／法國／
4,950日圓（700ml）／
UNION LIQUORS

GET 27 薄荷香甜酒

洋溢著恰到好處的甜度和薄荷清涼感的藥草類薄荷香甜酒。

21度／法國／
開放價格（700ml）／
百加得 日本

GET 31 薄荷香甜酒

可以品嘗到薄荷的清爽味道，液色透明的薄荷香甜酒。

24度／法國／
開放價格（700ml）／
百加得 日本

吉寶蜂蜜香甜酒

將蘇格蘭威士忌與各種藥草和香料混合而成，誕生於1745年的香甜酒。

40度／英國／
2,400日圓（750ml）／
三得利

保樂茴香香甜酒

以15種藥草製成，具有獨特香氣和清爽口感的茴香香甜酒。

40度／法國／3,190日圓
[含稅]（700ml）／
保樂力加 日本

堅果、種子類香甜酒

卡魯哇咖啡香甜酒

使用優質的阿拉比卡咖啡豆，製作出廣受世界各國喜愛的咖啡香甜酒。

20度／英國／
1,380日圓（700mℓ）／
三得利

迪莎羅娜杏仁香甜酒

自1525年以來就不曾改變，以杏仁的香氣和高雅的甜味為特色的阿瑪雷托杏仁香甜酒。

28度／義大利／
開放價格（200mℓ）／
Whisk-e

波士可可香甜酒 棕

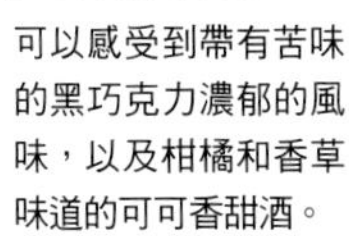

可以感受到帶有苦味的黑巧克力濃郁的風味，以及柑橘和香草味道的可可香甜酒。

24度／荷蘭／
1,740日圓（700mℓ）／
朝日啤酒

波士可可香甜酒 白

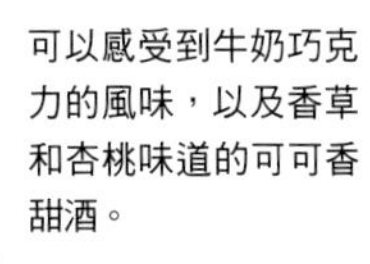

可以感受到牛奶巧克力的風味，以及香草和杏桃味道的可可香甜酒。

24度／荷蘭／
1,740日圓（700mℓ）／
朝日啤酒

其他的香甜酒

貝禮詩奶酒

以新鮮的鮮奶油和愛爾蘭威士忌為原料，帶有香草和可可香氣的鮮奶油香甜酒。

17度／愛爾蘭／
開放價格（700mℓ）／
帝亞吉歐 日本

莫札特巧克力香甜酒

在莫札特誕生的故鄉薩爾斯堡生產的，廣受全世界喜愛的巧克力香甜酒。

17度／奧地利／
1,720日圓（500mℓ）
／三得利

Yogurito 爽口優格酒

具有優格原有的清爽感和濃郁味道，很受歡迎的優格香甜酒。

16度／日本／
1,620日圓（500mℓ）／
三得利

瓦寧卡蛋黃香甜酒

用蛋製作的荷蘭傳統香甜酒。具有像卡士達醬般的濃厚味道。

17度／荷蘭／
開放價格（700mℓ）／
麒麟啤酒

雞尾酒的副材料

檸檬汁＆萊姆汁

左起為檸檬汁（果汁100%）、萊姆汁（果汁100%）、萊姆汁[（萊姆糖漿加糖）]。以上三者皆用來調製雞尾酒。

糖漿

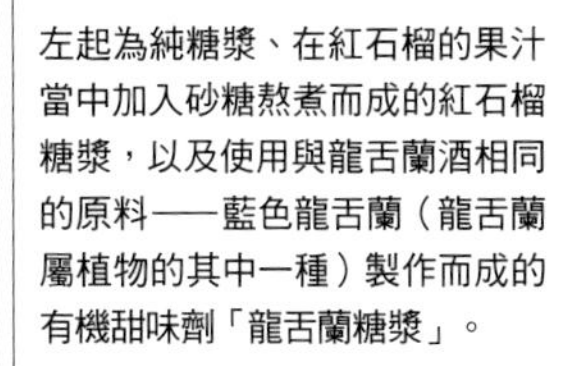

左起為純糖漿、在紅石榴的果汁當中加入砂糖熬煮而成的紅石榴糖漿，以及使用與龍舌蘭酒相同的原料——藍色龍舌蘭（龍舌蘭屬植物的其中一種）製作而成的有機甜味劑「龍舌蘭糖漿」。

苦精

圖中左邊是為雞尾酒增添風味的辛香苦味酒「安格仕苦精（44度）」。圖中右邊是以蘭姆酒為基底，混合了藥草製作而成的水果風味苦味酒「安格仕柑橘苦精（28度）」。

威士忌雞尾酒

Whisky Base Cocktails

可以從多款名牌威士忌中挑選威士忌來調製。優點是以威士忌為基底，
擁有多款味道沉穩、具有悠久歷史的正統派雞尾酒。

Irish Coffee

愛爾蘭咖啡

10度 **中口** **直調法**

這是以愛爾蘭威士忌為基底的熱飲雞尾酒始祖。鮮奶油也可以不打發，改用沒有放入冰塊的雪克杯搖晃起泡。

愛爾蘭威士忌……30mℓ
砂糖……1 tsp
較濃的熱咖啡……適量
鮮奶油……適量

先將葡萄酒杯或咖啡杯熱杯，接著放入砂糖，倒入熱咖啡，再加入威士忌，然後輕輕攪拌一下。將鮮奶油稍微打發，讓它漂浮在頂層。

Affinity
親密關係

20度 中口 搖盪法

Affinity是「婚姻關係」或「親密關係」的意思。使用英國產的蘇格蘭威士忌、法國產的不甜香艾酒、義大利產的甜香艾酒，調製出代表3國友好的雞尾酒。

蘇格蘭威士忌……20mℓ
不甜香艾酒……20mℓ
甜香艾酒……20mℓ
安格仕苦精……2 dashes

將材料搖晃均勻，然後倒入雞尾酒杯中。

Alphonso Capone
艾爾卡彭

26度 中口 搖盪法

1996年「HBA / JW&S公司共同舉辦的雞尾酒競賽」得獎作品。創作者是金海常昭先生。這是以美國禁酒令時期的幫派首領艾爾・卡彭命名的雞尾酒，口感香甜濃稠以及充滿水果風味。

波本威士忌……25mℓ
柑曼怡香橙干邑香甜酒……15mℓ
哈密瓜香甜酒……10mℓ
鮮奶油……10mℓ

將材料充分搖晃均勻，然後倒入雞尾酒杯中。

Ink Street
墨水街

15度 中口 搖盪法

以美國產的裸麥威士忌為基底，混合了很多柳橙汁和檸檬汁，調製出味道清爽的雞尾酒。恰到好處的酸味，喝起來很順口。

裸麥威士忌……30mℓ
柳橙汁……15mℓ
檸檬汁……15mℓ

將材料搖晃均勻，然後倒入雞尾酒杯中。

Imperial Fizz

帝王費士

17度 中口 搖盪法

帝王費士是「最高級的費士」之意，屬於費士類型（P.43）的長飲型雞尾酒。威士忌加上白蘭姆酒，以餘味乾淨俐落的爽快口感為特色。

威士忌……45mℓ
蘭姆酒（白）……15mℓ
檸檬汁……20mℓ
砂糖（純糖漿）……1～2 tsp
蘇打水……適量

將蘇打水以外的材料搖晃均勻，倒入裝有冰塊的酒杯中，再加入冰鎮蘇打水直到滿杯，然後輕輕攪拌一下。

Whisky Cocktail

威士忌雞尾酒

37度 中口 攪拌法

在威士忌中加入了苦精的苦味和糖漿的甜味調製而成的標準雞尾酒。作為基酒的威士忌，多半是使用蘇格蘭、裸麥、波本。

威士忌……60mℓ
安格仕苦精……1 dash
純糖漿……1 dash

將材料倒入攪拌杯中攪拌均勻，然後倒入雞尾酒杯中。

Whisky Sour

威士忌沙瓦

23度 中口 搖盪法

Sour代表的意思是「酸的」，這是一杯帶有檸檬酸味、很順口的雞尾酒。以琴酒、蘭姆酒、龍舌蘭、白蘭地為基底所調製的沙瓦也是大家很熟悉的雞尾酒。

威士忌……45mℓ
檸檬汁……20mℓ
砂糖（純糖漿）……1 tsp
柳橙片、瑪拉斯奇諾櫻桃

將材料搖晃均勻，然後倒入沙瓦杯中，以柳橙片和瑪拉斯奇諾櫻桃為裝飾。

Whisky Toddy

威士忌托迪

13度 中口 直調法

這是以威士忌為基底調製而成的托迪類型長飲型雞尾酒。甘甜順口的威士忌兌水的口感，若改用熱水製作的話就成了「熱威士忌托迪（P.163）」。

威士忌……45mℓ
砂糖（純糖漿）……1 tsp
水（礦泉水）……適量
檸檬片、萊姆片

將砂糖放入酒杯中，加入少量的水使砂糖溶解，然後倒入威士忌，再加入冰鎮的水（礦泉水）直到滿杯。依個人喜好以檸檬片、萊姆片為裝飾。

Whisky Highball

威士忌高球

13度 辛口 直調法

這是以威士忌為基底調製而成的高球類型長飲型雞尾酒，又稱為「威士忌蘇打」。威士忌爽快的味道，喝起來很順口。

威士忌……45mℓ
蘇打水……適量

將威士忌倒入裝有冰塊的酒杯中，再加入冰鎮蘇打水直到滿杯，然後輕輕攪拌一下。

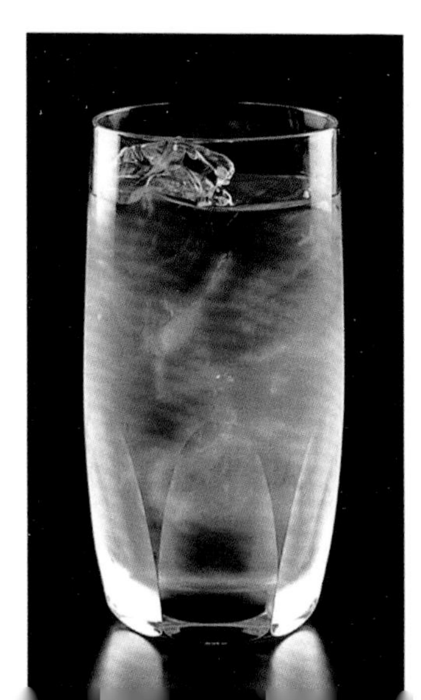

Whisky Float

漂浮威士忌

13度 辛口 直調法

利用威士忌和礦泉水的比重差異，調製出外觀也很漂亮的辛口雞尾酒。如果要順利地分離成兩層，必須盡量緩慢地進行漂浮的步驟。

威士忌……45mℓ
水（礦泉水）……適量

將冰鎮的水（礦泉水）倒入裝有冰塊的酒杯中大約7分滿，然後緩緩地倒入威士忌，使之漂浮在上層。

Old Pal

老夥伴

24度 中口 攪拌法

英文酒名是「老夥伴」或「懷念的朋友」之意，這是一杯從很久以前就非常有名的雞尾酒。特色是微微的苦味中會浮現些許甜味，口感極佳。

裸麥威士忌……20mℓ
不甜香艾酒……20mℓ
金巴利香甜酒……20mℓ

將材料倒入攪拌杯中攪拌均勻，然後倒入雞尾酒杯中。

Old-Fashioned

古典雞尾酒

32度 中口 直調法

據說這款雞尾酒是19世紀中葉，美國肯塔基州的潘登尼斯俱樂部有位調酒師設計出來的。用攪拌棒搗壓柳橙和檸檬等水果以及方糖，調整成個人喜歡的味道之後飲用。這是一杯雖然簡單卻擁有死忠鐵粉的雞尾酒。

裸麥或波本威士忌……45mℓ
安格仕苦精……2 dashes
方糖……1個
柳橙片、檸檬片、瑪拉斯奇諾櫻桃

將方糖放入古典杯中，抖振安格仕苦精，放入冰塊，然後倒入威士忌，附上攪拌棒。依個人喜好以柳橙等水果為裝飾。

Oriental

東方

25度 中口 搖盪法

Oriental是「東方的」或「東方人」之意。在裸麥威士忌當中加入了甜香艾酒的醇厚風味和柑橘類的酸味，調製出喝起來很順口的雞尾酒。

裸麥威士忌……24mℓ
甜香艾酒……12mℓ
白庫拉索酒……12mℓ
萊姆汁……12mℓ

將材料搖晃均勻，然後倒入雞尾酒杯中。

Cowboy

牛仔

25度 中口 搖盪法

以「牛仔」或「牧童」為名的雞尾酒。儘管是只有波本威士忌加鮮奶油的簡單酒譜，卻以不具甜味、圓潤醇厚的味道為特色。

波本威士忌……40mℓ
鮮奶油……20mℓ

將材料充分搖晃均勻，然後倒入雞尾酒杯中。

California Lemonade

加州檸檬汁

13度 中口 搖盪法

將波本威士忌的香味與檸檬＆萊姆的酸味摻兌蘇打水，調製出入喉清爽、適合夏季品飲的雞尾酒。紅石榴糖漿的淺紅色，讓清爽感更上一層樓。

波本威士忌……45mℓ
檸檬汁……20mℓ
萊姆汁……10mℓ
紅石榴糖漿……1 tsp
砂糖（純糖漿）……1 tsp
蘇打水……適量
檸檬角

將蘇打水以外的材料搖晃均勻，倒入可林杯中，再加入冰鎮蘇打水直到滿杯，然後輕輕攪拌一下。依個人喜好以檸檬角為裝飾。

Kiss Me Quick

快吻我

24度 中口 攪拌法

1988年「蘇格蘭威士忌雞尾酒大賽」的優勝作品。創作者是宮尾孝宏先生。以多寶力香甜酒和覆盆子香甜酒的水果香為特色。雞尾酒名稱是「立刻親吻我」之意。

蘇格蘭威士忌……30mℓ
多寶力香甜酒……20mℓ
覆盆子香甜酒……10mℓ
檸檬皮

將材料倒入攪拌杯中攪拌均勻，然後倒入雞尾酒杯中，擠壓檸檬皮噴附皮油。

Klondike Cooler

克倫代克酷樂

15度 中口 直調法

克倫代克是「位於加拿大的金礦區」，在19世紀末淘金熱時期變得聲名大噪。柳橙的裝飾物是製作的重點，清爽的口感，喝起來很順口。

威士忌……45mℓ
柳橙汁……20mℓ
薑汁汽水……適量
柳橙皮

將柳橙皮削成螺旋狀，用來裝飾酒杯，放入冰塊之後倒入威士忌和柳橙汁，再加入冰鎮薑汁汽水直到滿杯，然後輕輕攪拌一下。

God-father

教父

34度 中口 直調法

源自於電影《教父》所調製出來的雞尾酒。在威士忌的馥郁芳香當中，添加了阿瑪雷托杏仁香甜酒的濃厚味道，醞釀出成人口味的雞尾酒。

威士忌 ……………………… 45mℓ
阿瑪雷托杏仁香甜酒 ……… 15mℓ

將材料倒入裝有冰塊的古典杯中，然後輕輕攪拌一下。

Commodore

海軍准將

26度 辛口 搖盪法

Commodore是「船長」或「海軍准將」的意思。在裸麥威士忌當中加入萊姆汁，再加入柑橘苦精的苦味，調製出酸味稍強的辛口雞尾酒。

裸麥威士忌 ………………… 45mℓ
萊姆汁 ……………………… 15mℓ
柑橘苦精 ……………… 2 dashes
純糖漿 ……………………… 1 tsp

將材料搖晃均勻，然後倒入雞尾酒杯中。

Shamrock

三葉草

27度 中口 搖盪法

Shamrock是愛爾蘭的國花「三葉草」。威士忌搭配香草類葡萄酒和藥草類香甜酒，調合成風味獨特的雞尾酒。

愛爾蘭威士忌 ……………… 30mℓ
不甜香艾酒 ………………… 30mℓ
夏翠絲綠寶香甜酒 …… 3 dashes
綠薄荷香甜酒 ………… 3 dashes

將材料搖晃均勻，然後倒入雞尾酒杯中。

John Collins

約翰可林斯

13度 中口 直調法

這款雞尾酒又稱為「威士忌可林斯」。從前是以荷蘭琴酒為基底調製，到了1930年代之後乾型琴酒變成主流，現在則普遍使用威士忌調製。

威士忌……………………45mℓ
檸檬汁……………………20mℓ
純糖漿……………………1～2 tsp
蘇打水……………………適量
檸檬片、瑪拉斯奇諾櫻桃

將蘇打水以外的材料倒入裝有冰塊的可林杯中攪拌一下，再加入冰鎮蘇打水直到滿杯，然後輕輕攪拌一下。依個人喜好以檸檬片和瑪拉斯奇諾櫻桃為裝飾。

Scotch Kilt

蘇格蘭裙

36度 中口 攪拌法

蘇格蘭裙是蘇格蘭的民族服裝，一種「男性的禮服用裙子」。混合了蘇格蘭產的威士忌＆香甜酒，調製出稍帶甜味的正統派雞尾酒。

蘇格蘭威士忌……………40mℓ
吉寶蜂蜜香甜酒…………20mℓ
柑橘苦精……………2 dashes

將材料倒入攪拌杯中攪拌均勻，然後倒入雞尾酒杯中。

Derby Fizz

德比費士

14度 中口 搖盪法

這是以英國賽馬的重大賽事命名的費士類型長飲型雞尾酒。在柑橘類的酸味中添加了蛋的濃醇，以圓潤滑順的味道為特色。

威士忌……………………45mℓ
橘庫拉索酒……………………1 tsp
檸檬汁……………………1 tsp
砂糖（純糖漿）……………1 tsp
蛋……………………1個
蘇打水……………………適量

將蘇打水以外的材料充分搖晃均勻，倒入酒杯中，加入冰塊之後再加入冰鎮蘇打水直到滿杯，然後輕輕攪拌一下。

Churchill
邱吉爾

27度 中口 搖盪法

這是冠上代表英國的政治家暨作家的「溫斯頓‧邱吉爾」之名的雞尾酒。君度橙酒和甜香艾酒的組合，洋溢著稍帶甜味的高雅香氣。

蘇格蘭威士忌……30mℓ
君度橙酒……10mℓ
甜香艾酒……10mℓ
萊姆汁……10mℓ

將材料搖晃均勻，然後倒入雞尾酒杯中。

New York
紐約

26度 中口 搖盪法

這是以美國的大都市名稱來命名的雞尾酒。威士忌的煙燻風味和萊姆汁的酸味調合出味道深邃的一杯雞尾酒。減少砂糖的分量（或是省略），降低甜味調製出的成品也很美味。作為基酒的威士忌，還是以美國生產的裸麥或波本威士忌為佳。

裸麥或波本威士忌……45mℓ
萊姆汁……15mℓ
紅石榴糖漿……½ tsp
砂糖（純糖漿）……1 tsp
柳橙皮

將材料搖晃均勻，然後倒入雞尾酒杯中，擠壓柳橙皮噴附皮油。

Bourbon & Soda

波本蘇打

13度 辛口 直調法

只將波本威士忌兌蘇打水調製的簡易雞尾酒。怎麼喝都不膩的滑順口感，會根據使用的波本威士忌製作出相當不一樣的味道。

波本威士忌	45mℓ
蘇打水	適量

將波本威士忌倒入裝有冰塊的酒杯中，再加入冰鎮蘇打水直到滿杯，然後輕輕攪拌一下。

Bourbon Buck

波本霸克

14度 中口 直調法

這是以波本威士忌為基底的霸克類型（P.42）長飲型雞尾酒。因加入薑汁汽水的甜味，所以相較於摻兌蘇打水，喝起來更加順口。基酒也可更換成白蘭地、蘭姆酒和琴酒等。

波本威士忌	45mℓ
檸檬汁	20mℓ
薑汁汽水	適量

將波本威士忌和檸檬汁倒入裝有冰塊的酒杯中，再加入冰鎮薑汁汽水直到滿杯，然後輕輕攪拌一下。

Bourbon & Lime

波本萊姆

30度 辛口 直調法

依照波本威士忌的加冰塊類型，添加新鮮萊姆調製而成的雞尾酒。連味道濃重的波本威士忌，也出乎意料地變得好順口。

波本威士忌	45mℓ
萊姆角	

將波本威士忌倒入裝有冰塊的古典杯中，擠入萊姆角的汁液，並且將萊姆角放入杯中，然後輕輕攪拌一下。

High Hat
高帽子

28度 中口 搖盪法

High Hat是用來指稱「裝模作樣的人」或「擺架子的人」之俗語。在香氣厚重的波本威士忌當中，添加了櫻桃白蘭地和葡萄柚汁的清爽酸味，調製出水果的風味。

波本威士忌……40mℓ
櫻桃白蘭地……10mℓ
葡萄柚汁……10mℓ
檸檬汁……1 tsp

將材料搖晃均勻，然後倒入雞尾酒杯中。

Highland Cooler
高原酷樂

13度 中口 搖盪法

以蘇格蘭威士忌的故鄉，亦即蘇格蘭北部的高地地區構思而成的雞尾酒。蘇格蘭威士忌的豐富香氣中充滿了藥草的風味，味道清爽容易入口。

蘇格蘭威士忌……45mℓ
檸檬汁……15mℓ
砂糖（純糖漿）……1 tsp
安格仕苦精……2 dashes
薑汁汽水……適量

將薑汁汽水以外的材料搖晃均勻，倒入裝有冰塊的酒杯中，再加入冰鎮薑汁汽水直到滿杯，然後輕輕攪拌一下

Hurricane

颶風

30度 中口 搖盪法

這款誕生於美國的純粹雞尾酒，雖然使用威士忌和琴酒這類強勁的烈酒來調製，餘味卻留有薄荷的爽快感。Hurricane是「暴風雨」或「颶風」之意。

威士忌	15mℓ
乾型琴酒	15mℓ
白薄荷香甜酒	15mℓ
檸檬汁	15mℓ

將材料搖晃均勻，然後倒入雞尾酒杯中。

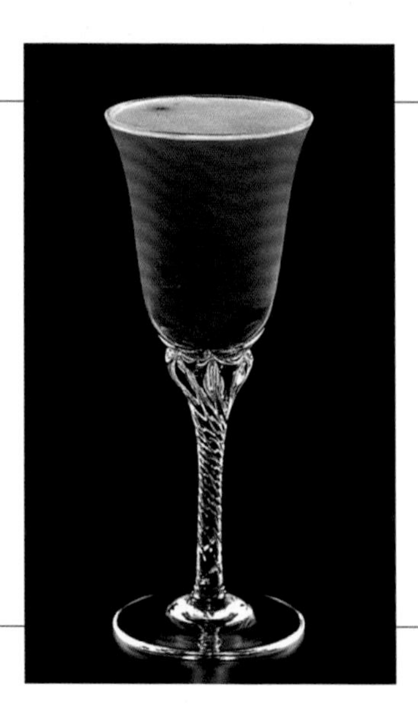

Hunter

獵人

33度 中口 搖盪法

Hunter是「獵人」的意思。這是一款很久以前就有的雞尾酒，使用威士忌和櫻桃白蘭地調製而成，口感稍微偏甜。也有很多酒譜不是用搖盪法，而是攪拌法。

裸麥或波本威士忌	45mℓ
櫻桃白蘭地	15mℓ

將材料搖晃均勻，然後倒入雞尾酒杯中。

Brooklyn

布魯克林

30度 辛口 搖盪法

布魯克林是美國・紐約市曼哈頓對岸的地區。在略帶獨特風味的裸麥威士忌當中，帶有藥草類香甜酒和果實類香甜酒芳香的辛口雞尾酒。

裸麥威士忌	40mℓ
不甜香艾酒	20mℓ
皮康橙香開胃酒	1 dash
瑪拉斯奇諾櫻桃酒	1 dash

將材料搖晃均勻，然後倒入雞尾酒杯中。

Hole In One

一桿進洞

30度 辛口 搖盪法

Hole In One是高爾夫球用語，意思是「擊球一次就進洞」。因為在威士忌&不甜香艾酒中只加入少量果汁，所以調製出幾乎無甜味的辛口雞尾酒。

威士忌……40mℓ
不甜香艾酒……20mℓ
檸檬汁……2 dashes
柳橙汁……1 dash

將材料搖晃均勻，然後倒入雞尾酒杯中。

Hot Whisky Toddy

熱威士忌托迪

13度 中口 直調法

這是以威士忌為基底的托迪類型（P.43）熱飲雞尾酒。至於其他基酒，也可使用琴酒、蘭姆酒、龍舌蘭、白蘭地等調製。

威士忌……45mℓ
砂糖（純糖漿）……1 tsp
熱水……適量
檸檬片、丁香、肉桂棒

將砂糖放入熱飲用的酒杯中，加入少量的熱水使砂糖溶解，然後倒入威士忌，再加入熱水直到滿杯。放入檸檬片、丁香，附上肉桂棒。

Bobby Burns

鮑比伯恩斯

30度 中口 攪拌法

蘇格蘭的民族詩人羅伯特（鮑比）．伯恩斯特別鍾愛威士忌，這是以他為名的雞尾酒。以使用加味葡萄酒和藥草類香甜酒調製出香氣豐富的口感為一大特色。

蘇格蘭威士忌……40mℓ
甜香艾酒……20mℓ
廊酒……1 tsp
檸檬皮

將材料倒入攪拌杯中攪拌均勻，然後倒入雞尾酒杯中，擠壓檸檬皮噴附皮油。

Miami Beach

邁阿密海灘

28度 中口 搖盪法

威士忌的香味，加上不甜香艾酒的香醇和深邃風味、葡萄柚汁的酸味，調製出清爽又順口的口感。

威士忌……35mℓ
不甜香艾酒……10mℓ
葡萄柚汁……15mℓ

將材料搖晃均勻，然後倒入雞尾酒杯中。

Mountain

山脈

20度 中口 搖盪法

在裸麥威士忌當中添加了2種香艾酒的香醇和風味，加入蛋白之後調製出口感柔和滑順的雞尾酒。

裸麥威士忌……45mℓ
不甜香艾酒……10mℓ
甜香艾酒……10mℓ
檸檬汁……10mℓ
蛋白……1個

將材料充分搖晃均勻，然後倒入尺寸較大的雞尾酒杯中。

Mamie Taylor

媽咪泰勒

13度 中口 直調法

這是以蘇格蘭威士忌為基底的霸克類型（P.42）長飲型雞尾酒，又稱為「蘇格蘭霸克」。喝不膩的清爽酸味，十分順口。

蘇格蘭威士忌……45mℓ
檸檬汁……20mℓ
薑汁汽水……適量
萊姆片

將威士忌和檸檬汁倒入裝有冰塊的酒杯中，再加入冰鎮薑汁汽水直到滿杯，然後輕輕攪拌一下。依個人喜好以萊姆片或檸檬片為裝飾。

Manhattan

曼哈頓

32度 中口 攪拌法

這是又稱為「雞尾酒女王」的雞尾酒，自19世紀中葉以來，全世界的人就一直飲用至今。因為甜香艾酒的甜味，口感很好，也深受女性的喜愛。

裸麥或波本威士忌 ………… 45ml
甜香艾酒 ……………………… 15ml
安格仕苦精 ………………… 1 dash
瑪拉斯奇諾櫻桃、檸檬皮

將材料倒入攪拌杯中攪拌均勻，然後倒入雞尾酒杯中，以用雞尾酒叉刺入的瑪拉斯奇諾櫻桃為裝飾，擠壓檸檬皮噴附皮油。

Manhattan（Dry）

曼哈頓（不甜）

35度 辛口 攪拌法

將「曼哈頓」的甜香艾酒更換成不甜香艾酒的雞尾酒。因為威士忌的比例也變多，可以享受到餘味乾淨俐落、更加乾澀不甜的口感。

裸麥或波本威士忌 ………… 48ml
不甜香艾酒 ………………… 12ml
安格仕苦精 ………………… 1 dash
綠櫻桃

將材料倒入攪拌杯中攪拌均勻，然後倒入雞尾酒杯中，以用雞尾酒叉刺入的綠櫻桃為裝飾。

Manhattan（Medium）

曼哈頓（半甜）

30度 中口 攪拌法

介於「曼哈頓」和「曼哈頓（不甜）」之間的味道。又稱為「完美的曼哈頓」。也有的酒譜不使用苦精，改為擠壓檸檬皮噴附皮油。

裸麥或波本威士忌 ………… 40ml
不甜香艾酒 ………………… 10ml
甜香艾酒 ……………………… 10ml
安格仕苦精 ………………… 1 dash
瑪拉斯奇諾櫻桃

將材料倒入攪拌杯中攪拌均勻，然後倒入雞尾酒杯中，以用雞尾酒叉刺入的瑪拉斯奇諾櫻桃為裝飾。

Mint Cooler

薄荷酷樂

13度 辛口 直調法

與威士忌非常契合的薄荷香氣清爽宜人，是適合夏天品飲的雞尾酒。不要加入過多的白薄荷香甜酒，威士忌的風味才會更加突出。

威士忌……………………………………45mℓ
白薄荷香甜酒……………………2～3 dashes
蘇打水……………………………………適量
薄荷葉

將威士忌和白薄荷香甜酒倒入裝有冰塊的酒杯中，再加入冰鎮蘇打水直到滿杯，然後輕輕攪拌一下。依個人喜好以薄荷葉為裝飾。

Mint Julep

薄荷茱莉普

26度 中口  直調法

新鮮薄荷帶來清爽香氣的茱莉普類型長飲型雞尾酒。充分攪拌至酒杯的表面結霜為止，是讓酒變得好喝的祕訣。

波本威士忌……………………………60mℓ
砂糖（純糖漿）……………………2 tsp
水或蘇打水……………………………2 tsp
薄荷葉……………………………………5～6片

將威士忌以外的材料放入酒杯中，一邊使砂糖溶解一邊搗壓薄荷葉。在酒杯中裝滿碎冰之後倒入威士忌，充分攪拌均勻，以薄荷葉為裝飾。

Monte Carlo
蒙特卡羅

40度 中口 搖盪法

摩納哥公國的美麗城市蒙特卡羅因F1大獎賽而聞名，這是以此命名的雞尾酒。在裸麥威士忌厚重的味道中增添了廊酒甜而高貴的藥草香氣。

裸麥威士忌……45mℓ
廊酒……15mℓ
安格仕苦精……2 dashes

將材料搖晃均勻，然後倒入雞尾酒杯中。

Rusty Nail
鏽釘

36度 甘口 直調法

吉寶蜂蜜香甜酒是以蘇格蘭王室的祕酒所傳授的祕方釀造而成。這款雞尾酒的特色是在吉寶蜂蜜香甜酒中混合威士忌，調製出甜美芳香。名稱應該是來自酒的顏色，意思是「生鏽的釘子」。

威士忌……30mℓ
吉寶蜂蜜香甜酒……30mℓ

將材料倒入裝有冰塊的古典杯中，然後輕輕攪拌一下。

Rob Roy
羅伯洛伊

32度 中口 攪拌法

將「曼哈頓（P.165）」的基酒換成蘇格蘭威士忌調製而成。名稱的由來源自蘇格蘭的義賊羅伯特．麥克格雷格的暱稱「紅髮羅伯特」。

蘇格蘭威士忌……45mℓ
甜香艾酒……15mℓ
安格仕苦精……1 dash
瑪拉斯奇諾櫻桃、檸檬皮

將材料倒入攪拌杯中攪拌均勻，然後倒入雞尾酒杯中，以用雞尾酒叉刺入的瑪拉斯奇諾櫻桃為裝飾，擠壓檸檬皮噴附皮油。

白蘭地雞尾酒

Brandy Base Cocktails

以充分利用白蘭地的芳醇香氣調製出稍甜一點的雞尾酒為主流。
所使用的白蘭地盡可能挑選優質的品項。

Alexander

亞歷山大

23度 甘口 搖盪法

一般認為，這是19世紀中葉，獻給英國國王愛德華7世的王妃亞歷山卓的雞尾酒。口感香甜濃稠，以像巧克力一樣的甜味為特徵。因為使用鮮奶油調製，所以搖盪時要用力且快速地進行。將基酒更換成伏特加就成了「芭芭拉（P.100）」。

白蘭地……30mℓ
可可香甜酒（棕）……15mℓ
鮮奶油……15mℓ

將材料充分搖晃均勻，然後倒入雞尾酒杯中。

Egg Sour
蛋沙瓦

15度 中口 搖盪法

這是以白蘭地為基底的沙瓦類型長飲型雞尾酒。在白蘭地當中添加了柑橘類的酸味，再加入完整的1顆蛋一起搖盪，調製出營養滿分的雞尾酒。

白蘭地……30mℓ
橘庫拉索酒……20mℓ
檸檬汁……20mℓ
砂糖（純糖漿）……1 tsp
蛋……1個

將材料充分搖晃均勻，然後倒入尺寸較大的雞尾酒杯中。

Olympic
奧林匹克

26度 中口 搖盪法

據說是為了紀念1900年巴黎奧運會所調製的雞尾酒。在芳醇的白蘭地中加入柳橙風味，調製出充滿水果風味的濃厚口感。

白蘭地……20mℓ
橘庫拉索酒……20mℓ
柳橙汁……20mℓ

將材料搖晃均勻，然後倒入雞尾酒杯中。

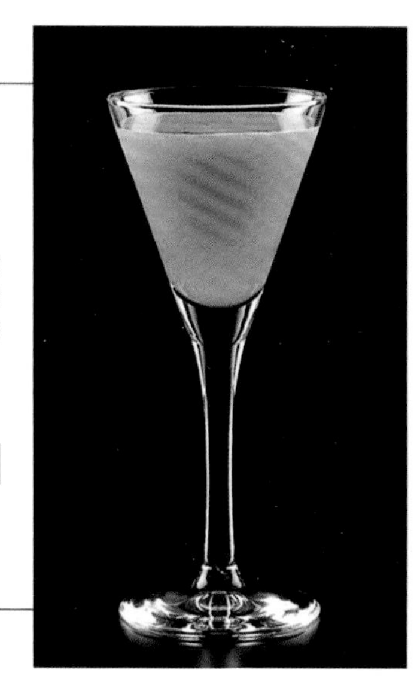

Calvados Cocktail
卡爾瓦多斯雞尾酒

20度 中口 搖盪法

卡爾瓦多斯是「以蘋果為原料製作而成的白蘭地」之名稱。在充滿芳醇香氣的蘋果白蘭地當中混合了柑橘類香甜酒和果汁調製而成，以新鮮多汁的口感為特色。

蘋果白蘭地（卡爾瓦多斯）……20mℓ
白庫拉索酒……10mℓ
柑橘苦精……10mℓ
柳橙汁……20mℓ

將材料搖晃均勻，然後倒入雞尾酒杯中。

Carol

卡蘿

28度 中口 搖盪法

Carol是「歡樂之歌」或是「聖歌」的意思。微甜的口感，就像是以白蘭地為基底調製而成的「曼哈頓（P.165）」這樣的味道。也有酒譜不是使用搖盪法，而是採用攪拌法。

白蘭地……40mℓ
甜香艾酒……20mℓ
珍珠洋蔥

將材料搖晃均勻，倒入雞尾酒杯中。依個人喜好以珍珠洋蔥為裝飾。

Cuban Cocktail

古巴雞尾酒

以「古巴人的雞尾酒」之意為名的雞尾酒。以圓潤的味道為特色，可使品飲者感受到杏桃清爽的甜香和白蘭地的熟成味。

白蘭地……30mℓ
杏桃白蘭地……15mℓ
萊姆汁……15mℓ

將材料搖晃均勻，然後倒入雞尾酒杯中。

Classic

經典雞尾酒

26度 中口 搖盪法

在白蘭地纖細的味道中，混合了果實類香甜酒與檸檬汁的酸味和甜味，調製出味道平衡的雞尾酒。依個人喜好，不製作成糖口杯也OK。

白蘭地……30mℓ
橘庫拉索酒……10mℓ
瑪拉斯奇諾櫻桃酒……10mℓ
檸檬汁……10mℓ
砂糖（糖口杯）

將材料搖晃均勻，然後倒入用砂糖製作成糖口杯的雞尾酒杯中。

Corpse Reviver
亡者復甦

28度 中口 攪拌法

Corpse Reviver是「使死者復活的東西」之意。白蘭地、蘋果白蘭地和甜香艾酒，調製出深邃芳香和味道濃醇的雞尾酒。

白蘭地	30mℓ
蘋果白蘭地	15mℓ
甜香艾酒	15mℓ

將材料倒入攪拌杯中攪拌均勻，然後倒入雞尾酒杯中。

Sidecar
側車

26度 中口 搖盪法

命名的由來是活躍於第一次世界大戰中「加掛在摩托車側邊的座位車」。基酒、香甜酒與果汁的甜度和酸味達到絕妙的平衡。若將基酒更換成威士忌，就成了「威士忌側車」。

白蘭地	30mℓ
白庫拉索酒	15mℓ
檸檬汁	15mℓ

將材料搖晃均勻，然後倒入雞尾酒杯中。

Chicago
芝加哥

25度 中口 搖盪法

在白蘭地中加入橘庫拉索酒的甜味和苦精的苦味，摻兌香檳調製成時尚的雞尾酒。質地細緻的氣泡徐徐升起，優雅迷人。

白蘭地	45mℓ
橘庫拉索酒	2 dashes
安格仕苦精	1 dash
香檳	適量
砂糖（糖口杯）	

將香檳以外的材料搖晃均勻，倒入以笛型香檳杯製成的糖口杯之中，再加入冰鎮香檳直到滿杯。

Jack Rose

傑克羅斯

20度 中口 搖盪法

「傑克」指的是美國所生產的蘋果白蘭地「蘋果傑克（Applejack）」，但是在日本多半是使用法國生產的「卡爾瓦多斯」。萊姆的酸味和紅石榴糖漿的甜味，襯托出蘋果白蘭地優雅的香氣。

蘋果白蘭地……30mℓ
萊姆汁……15mℓ
紅石榴糖漿……15mℓ

將材料搖晃均勻，然後倒入雞尾酒杯中。

Champs Élysées

香榭麗舍

26度 中口 搖盪法

這是以法國巴黎知名的繁華大道命名的雞尾酒。將法國生產的白蘭地和藥草類香甜酒調合在一起，以華麗的香氣和深邃纖細的味道為特色。

白蘭地（干邑）……36mℓ
夏翠絲黃寶香甜酒……12mℓ
檸檬汁……12mℓ
安格仕苦精……1 dash

將材料搖晃均勻，然後倒入雞尾酒杯中。

Stinger
毒刺

32度　中口　搖盪法

英文Stinger是動植物的「針」或「刺」的意思。薄荷香甜酒的清涼感展現尖銳的味道，突顯出白蘭地的風味。

白蘭地	40mℓ
白薄荷香甜酒	20mℓ

將材料搖晃均勻，然後倒入雞尾酒杯中。

Three Millers
三個磨坊主

38度　辛口　搖盪法

將香氣豐富的白蘭地和白蘭姆酒混合在一起，再稍微染點色，加上檸檬的風味，調製出酒精濃度略高的辛口雞尾酒。

白蘭地	40mℓ
蘭姆酒（白）	20mℓ
紅石榴糖漿	1 tsp
檸檬汁	1 dash

將材料搖晃均勻，然後倒入雞尾酒杯中。

Dirty Mother
黯淡的母親

32度　甘口　直調法

將白蘭地和甜度濃厚的咖啡香甜酒混合成成人口味的雞尾酒。將白蘭地更換成伏特加，就成了「黑色俄羅斯（P.102）」。

白蘭地	40mℓ
咖啡香甜酒	20mℓ

將材料倒入裝有冰塊的古典杯中，然後輕輕攪拌一下。

Cherry Blossom

櫻花

28度　中口　搖盪法

這是聞名全球，誕生於日本的雞尾酒。創作者是橫濱「巴黎」酒吧的店主田尾多三郎先生。這款以可愛動人的「櫻花」為構想調製出來的雞尾酒，特色是甘甜圓潤的味道和果香，帶來春風般的感受。

- 白蘭地 …… 30mℓ
- 櫻桃白蘭地 …… 30mℓ
- 橘庫拉索酒 …… 2 dashes
- 紅石榴糖漿 …… 2 dashes
- 檸檬汁 …… 2 dashes

將材料搖晃均勻，然後倒入雞尾酒杯中。

Dream

夢幻

33度　中口　搖盪法

混合了與白蘭地非常對味的橘庫拉索酒，加上藥草的風味，調製出口感清爽的雞尾酒。

- 白蘭地 …… 40mℓ
- 橘庫拉索酒 …… 20mℓ
- 保樂茴香香甜酒 …… 1 dash

將材料搖晃均勻，然後倒入雞尾酒杯中。

Nicolaschika

尼可拉斯加

40度　中口　直調法

以獨特的品飲方式而聞名，誕生於德國．漢堡的雞尾酒。首先將盛放砂糖的檸檬片對摺，放入口中輕輕咀嚼。待酸甜的味道在嘴裡散開後，再一口氣喝下白蘭地，享受在口中調製雞尾酒的樂趣。

- 白蘭地 …… 適量
- 砂糖 …… 1 tsp
- 檸檬片 …… 1片

將白蘭地倒入利口酒杯中，再將盛放砂糖的檸檬片擺在酒杯上面。

Harvard
哈佛

25度 中口 攪拌法

在芳醇的白蘭地中加入香艾酒和苦精的香草&藥草風味，調製出稍帶甜味的辛香雞尾酒。這款雞尾酒又稱為「月光（Moonlight）」。

白蘭地	30mℓ
甜香艾酒	30mℓ
安格仕苦精	2 dashes
純糖漿	1 dash

將材料倒入攪拌杯中攪拌均勻，然後倒入雞尾酒杯中。

Harvard Cooler
哈佛酷樂

12度 中口 搖盪法

以蘋果白蘭地為基底的酷樂類型（P.42）長飲型雞尾酒。檸檬汁清新的酸味和蘇打水的爽快感融為一體，喝起來很順口。

蘋果白蘭地	45mℓ
檸檬汁	20mℓ
純糖漿	1 tsp
蘇打水	適量

將蘇打水以外的材料搖晃均勻，倒入裝有冰塊的酒杯中，再加入冰鎮蘇打水直到滿杯，然後輕輕攪拌一下。

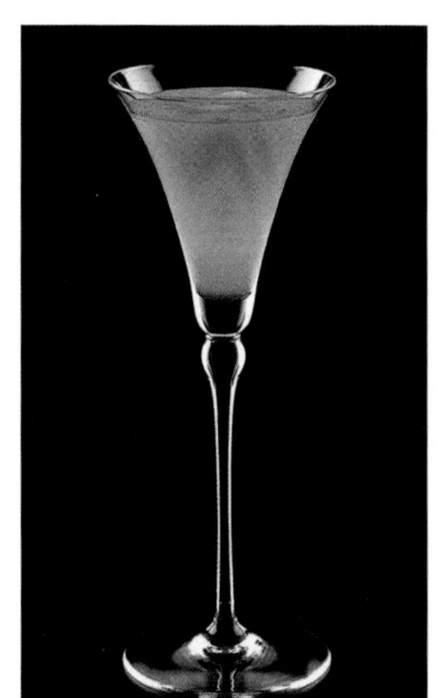

Honeymoon
蜜月

25度 中口 搖盪法

在風味柔和圓潤的蘋果白蘭地當中，混合了被視為長壽的祕酒廊酒，調製出滋味酸酸甜甜的雞尾酒。

蘋果白蘭地	20mℓ
廊酒	20mℓ
檸檬汁	20mℓ
橘庫拉索酒	3 dashes

將材料搖晃均勻，然後倒入雞尾酒杯中。

B＆B

40度　中口　直調法

B＆B是取自材料的英文名稱字首。如果使用的是白蘭地和干邑白蘭地（Cognac），就是「B＆C」。也可以不使用漂浮法調製，直接混合飲用，或是以加冰塊的方式享用。

材料	份量
白蘭地	30mℓ
廊酒	30mℓ

將廊酒倒入酒杯中，然後緩緩地倒入白蘭地，使之漂浮在上層。

Between The Sheets

床笫之間

這是意思為「上床睡覺」的雞尾酒。在白蘭地和白蘭姆酒混合出的濃厚味道中，加入白庫拉索酒豐富的芳香，調製成口感很好的雞尾酒。

材料	份量
白蘭地	20mℓ
蘭姆酒（白）	20mℓ
白庫拉索酒	20mℓ
檸檬汁	1 tsp

將材料搖晃均勻，然後倒入雞尾酒杯中。

Brandy Eggnog

白蘭地蛋酒

12度　中口　搖盪法

以白蘭地為基底的蛋酒類型（P.43）長飲型雞尾酒。因為加入了蛋和牛奶，所以營養價值很高，也是大家所熟知的營養飲品。夏天多為冷飲，冬天則是熱飲。

材料	份量
白蘭地	30mℓ
蘭姆酒（黑）	15mℓ
蛋	1個
砂糖	2 tsp
牛奶	適量
肉豆蔻	

將牛奶以外的材料充分搖晃均勻，倒入酒杯中，再加入牛奶直到滿杯，放入冰塊之後輕輕攪拌一下。依個人喜好撒上肉豆蔻。

Brandy Cocktail

白蘭地雞尾酒

40度 辛口 攪拌法

這是一款在風味洗練的白蘭地中，加入白庫拉索酒的高雅甜味和苦精苦味，調出味道刺激的雞尾酒。

白蘭地 ······ 60mℓ
白庫拉索酒 ······ 2 dashes
安格仕苦精 ······ 1 dash
檸檬皮

將材料倒入攪拌杯中攪拌均勻，然後倒入雞尾酒杯中，擠壓檸檬皮噴附皮油。

Brandy Sour

白蘭地沙瓦

23度 中口 搖盪法

Sour這個詞的意思是「酸的」。白蘭地的芳醇香氣加上檸檬汁的酸味，調製出口感清爽的雞尾酒。

白蘭地 ······ 45mℓ
檸檬汁 ······ 20mℓ
砂糖（純糖漿） ······ 1 tsp
萊姆片、瑪拉斯奇諾櫻桃

將材料搖晃均勻，然後倒入沙瓦杯中。依個人喜好以萊姆片和瑪拉斯奇諾櫻桃為裝飾。

Brandy Sling

白蘭地司令

14度 中口 直調法

在白蘭地當中加入檸檬汁的酸味和砂糖的甜味，調製出喝起來很順口的雞尾酒。也可以把礦泉水換成熱水，調製成熱飲。

白蘭地 ······ 45mℓ
檸檬汁 ······ 20mℓ
砂糖（純糖漿） ······ 1 tsp
礦泉水 ······ 適量

將檸檬汁和砂糖放入酒杯中，充分攪拌均勻，然後倒入白蘭地。加入冰塊之後倒入冰鎮礦泉水直到滿杯，然後輕輕攪拌一下。

Brandy Fix
白蘭地費克斯

25度 中口 直調法

這是以白蘭地為基底的費士類型（P.43）長飲型雞尾酒。充滿櫻桃白蘭地清爽的香氣，是適合夏季飲用的雞尾酒。

白蘭地……30mℓ
櫻桃白蘭地……30mℓ
檸檬汁……20mℓ
砂糖（純糖漿）……1 tsp
檸檬片

將材料倒入酒杯中攪拌均勻，裝滿碎冰之後輕輕地攪拌。依個人喜好以檸檬片為裝飾，附上吸管。

Brandy Milk Punch
白蘭地牛奶賓治

13度 中口 搖盪法

這是以白蘭地為基底，使用大量的牛奶調製而成的賓治類型（P.43）長飲型雞尾酒。也可依個人喜好撒上磨碎的肉豆蔻。

白蘭地……40mℓ
牛奶……120mℓ
砂糖（純糖漿）……1 tsp

將材料搖晃均勻，然後倒入裝有冰塊的高腳杯中。

French Connection
霹靂神探

32度 甘口 直調法

這杯雞尾酒的名稱來自於以紐約為背景的電影《霹靂神探》。阿瑪雷托杏仁香甜酒的濃厚味道和白蘭地的華麗香氣，搭配得非常完美。

白蘭地……45mℓ
阿瑪雷托杏仁香甜酒……15mℓ

將材料倒入裝有冰塊的古典杯中，然後輕輕攪拌一下。

Horse's Neck

馬頸

10度 中口 直調法

Horse's Neck是「馬的頸部」。以檸檬的風味和薑汁汽水的爽快感為特色。基酒更換成威士忌、琴酒和蘭姆酒等，也很美味。

白蘭地	45mℓ
薑汁汽水	適量
檸檬皮	1顆

將1個削成螺旋狀的檸檬皮放入酒杯中，加入冰塊之後倒入白蘭地。加入冰鎮薑汁汽水直到滿杯，然後輕輕攪拌一下。

Hot Brandy Eggnog

熱白蘭地蛋酒

15度 中口 直調法

這款雞尾酒是將「白蘭地蛋酒（P.176）」製作成熱飲。蛋也可以先用雪克杯搖盪起泡。很適合在寒冬飲用的營養飲品。

白蘭地	30mℓ
蘭姆酒（黑）	15mℓ
蛋	1個
砂糖	2 tsp
牛奶	適量

將蛋分開成蛋白和蛋黃，分別打發起泡。將兩者混合之後加入砂糖，繼續充分打發，然後倒入熱飲用的酒杯中。倒入白蘭地和蘭姆酒，再加入溫熱的牛奶直到滿杯，然後輕輕攪拌一下。

Bombay

孟買

25度 中口 攪拌法

孟買是「印度西部都市」的名稱。在白蘭地當中加入了香艾酒和保樂茴香香甜酒的香草風味、橘庫拉索酒的酸味，調製出稍帶辛香調的雞尾酒。

白蘭地	30mℓ
不甜香艾酒	15mℓ
甜香艾酒	15mℓ
橘庫拉索酒	2 dashes
保樂茴香香甜酒	1 dash

將材料倒入攪拌杯中攪拌均勻，然後倒入雞尾酒杯中。

香甜酒雞尾酒

Liqueur Base Cocktails

藥草・香草類、果實類、堅果・種子類、特殊類等，
充分發揮以上各種材料的獨特風味，五彩繽紛的雞尾酒競相展演。

After Dinner

餐後酒

20度 甘口 搖盪法

顧名思義，這是最適合在用餐之後來上一杯的雞尾酒。特色是使用了2種果實類香甜酒調製的水果風味口感，餘味帶有萊姆的清爽感。

杏桃白蘭地……24mℓ
橘庫拉索酒……24mℓ
萊姆汁……12mℓ

將材料搖晃均勻，然後倒入雞尾酒杯中。

Apricot Cooler

杏桃酷樂

7度 中口 搖盪法

杏桃白蘭地和紅石榴糖漿的顏色很漂亮的酷樂類型（P.42）長飲型雞尾酒。以帶有酸味的清爽口感為特色。

- 杏桃白蘭地 …… 45mℓ
- 檸檬汁 …… 20mℓ
- 紅石榴糖漿 …… 1 tsp
- 蘇打水 …… 適量
- 萊姆片、瑪拉斯奇諾櫻桃

將蘇打水以外的材料搖晃均勻，倒入裝有冰塊的酒杯中，再加入冰鎮蘇打水直到滿杯，然後輕輕攪拌一下。依個人喜好以萊姆片和瑪拉斯奇諾櫻桃為裝飾。

Amer Picon Highball

皮康高球

8度 中口 直調法

以皮康橙香開胃酒為基底的高球類型（P.42）長飲型雞尾酒。紅石榴糖漿的甜味和皮康橙香開胃酒的芳香，調合出喝起來很順口的雞尾酒。

- 皮康橙香開胃酒 …… 45mℓ
- 紅石榴糖漿 …… 3 dashes
- 蘇打水 …… 適量
- 檸檬皮

將皮康橙香開胃酒和紅石榴糖漿倒入裝有冰塊的酒杯中，再加入冰鎮蘇打水直到滿杯，然後輕輕攪拌一下。擠壓檸檬皮噴附皮油，然後直接將檸檬皮放入酒杯中。

Yellow Parrot

黃鸚鵡

30度 甘口 攪拌法

將保樂茴香香甜酒和夏翠絲黃寶香甜酒這類具有獨特風味的香草類香甜酒，與充滿水果風味的杏桃白蘭地混合，調製出個性十足的味道。

- 杏桃白蘭地 …… 20mℓ
- 保樂茴香香甜酒 …… 20mℓ
- 夏翠絲黃寶香甜酒 …… 20mℓ

將材料倒入攪拌杯中攪拌均勻，然後倒入雞尾酒杯中。

Cacao Fizz
可可費士

8度 甘口 搖盪法

這是一款以可可香甜酒為基底的費士類型（P.43）長飲型雞尾酒。巧克力風味的口感與檸檬的酸味非常對味。

可可香甜酒（棕）…… 45mℓ
檸檬汁…… 20mℓ
純糖漿…… 1 tsp
蘇打水…… 適量
檸檬片、瑪拉斯奇諾櫻桃

將蘇打水以外的材料搖晃均勻，倒入裝有冰塊的酒杯中，再加入冰鎮蘇打水直到滿杯，然後輕輕攪拌一下。依個人喜好以檸檬片和瑪拉斯奇諾櫻桃為裝飾。

Cassis & Oolong Tea
黑醋栗烏龍

7度 中口 直調法

將酸甜的黑醋栗香甜酒摻兌烏龍茶，調製出輕盈感的雞尾酒。因為口感清爽，即使當做餐前酒也能輕鬆享用。若將烏龍茶換成蘇打水，就成了「黑醋栗蘇打」。

黑醋栗香甜酒…… 45mℓ
烏龍茶…… 適量
檸檬片

將黑醋栗香甜酒倒入裝有冰塊的酒杯中，再加入冰鎮烏龍茶直到滿杯，然後輕輕攪拌一下。依個人喜好以檸檬片為裝飾。

Kahlua & Milk

卡魯哇牛奶

7度 甘口 直調法

不用說就知道這是咖啡香甜酒的經典雞尾酒。很像咖啡牛奶的口感，非常受到女性的喜愛。因酒精濃度低，所以不擅長喝酒的人也能輕鬆享用。

卡魯哇咖啡香甜酒……30～45mℓ
牛奶……適量

將卡魯哇咖啡香甜酒倒入裝有冰塊的酒杯中，再加入冰鎮牛奶直到滿杯，然後輕輕攪拌一下。

Campari & Orange

金巴利柳橙

7度 中口 直調法

金巴利香甜酒的微苦和柳橙汁的清爽感，調配出這杯誕生於義大利的熱門雞尾酒。若將柳橙汁更換成葡萄柚汁也很美味。

金巴利香甜酒……45mℓ
柳橙汁……適量
柳橙片

將金巴利香甜酒倒入裝有冰塊的酒杯中，再加入冰鎮柳橙汁直到滿杯，然後輕輕攪拌一下。

Campari & Soda

金巴利蘇打

7度 中口 直調法

這是全世界都有人飲用，很受歡迎的長飲型雞尾酒之一。可以完全品嘗到金巴利香甜酒特有的甜味和些微苦味，以乾淨俐落的餘味為特色。也可以當做餐前酒飲用。

金巴利香甜酒……45mℓ
蘇打水……適量
柳橙片

將金巴利香甜酒倒入裝有冰塊的酒杯中，再加入冰鎮蘇打水直到滿杯，然後輕輕攪拌一下。依個人喜好以柳橙片為裝飾。

King Peter

彼得國王

8度 中口 直調法

在酸酸甜甜的櫻桃白蘭地當中加入檸檬的酸味，再添加通寧水的爽快感，調製出喝起來十分順口的雞尾酒。

櫻桃白蘭地……45mℓ
檸檬汁……10mℓ
通寧水……適量
檸檬片、瑪拉斯奇諾櫻桃

將櫻桃白蘭地和檸檬汁倒入裝有冰塊的酒杯中，再加入冰鎮通寧水直到滿杯，然後輕輕攪拌一下。依個人喜好以檸檬片和瑪拉斯奇諾櫻桃為裝飾。

Crystal Harmony

水晶協奏曲

12度 甘口 搖盪法

1989年「PEACHTREE雞尾酒大賽」的最優秀作品。創作者是山野有三先生。多汁的桃子甜味和香檳非常契合。

水蜜桃香甜酒（PEACHTREE）……40mℓ
伏特加……10mℓ
葡萄柚汁……30mℓ
櫻桃白蘭地……2 tsp
香檳……適量

將香檳以外的材料搖晃均勻，倒入笛型香檳杯中，再加入冰鎮香檳直到滿杯。依個人喜好以花卉為裝飾。

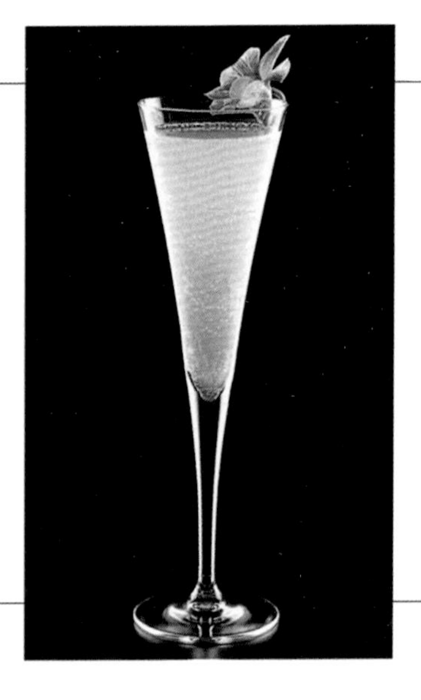

Grasshopper

綠色蚱蜢

14度 甘口 搖盪法

Grasshopper是「蚱蜢」的意思。以薄荷的風味和可可的香氣調合而成的餐後雞尾酒。

可可香甜酒（白）……20mℓ
綠薄荷香甜酒……20mℓ
鮮奶油……20mℓ

將材料充分搖晃均勻，然後倒入雞尾酒杯中。

Golden Cadillac

金色凱迪拉克

16度　甘口　搖盪法

將飄散著甜香的藥草類香甜酒加利安諾，以及巧克力風味的可可香甜酒混合調製出的雞尾酒，有著入口即化的香甜口感。

加利安諾香甜酒	20mℓ
可可香甜酒（白）	20mℓ
鮮奶油	20mℓ

將材料充分搖晃均勻，然後倒入雞尾酒杯中。

Golden Dream

金色夢幻

甘口　搖盪法

帶有香草的甜香和清爽的柳橙風味，香甜濃稠的甘口雞尾酒。推薦大家也可以當做睡前酒飲用。

加利安諾香甜酒	15mℓ
白庫拉索酒	15mℓ
柳橙汁	15mℓ
鮮奶油	15mℓ

將材料充分搖晃均勻，然後倒入雞尾酒杯中。

St. Germain

聖日耳曼

聖日耳曼是法國巴黎西郊「塞納河畔的觀光．住宅都市」。在擁有獨特芳香的夏翠絲綠寶香甜酒當中混合了果汁，調製出口感柔順的雞尾酒。

夏翠絲綠寶香甜酒	45mℓ
檸檬汁	20mℓ
葡萄柚汁	20mℓ
蛋白	1個

將材料充分搖晃均勻，然後倒入尺寸較大的雞尾酒杯中。

Chartreuse & Tonic

夏翠絲通寧

5度 中口 直調法

夏翠絲獨特的芳香在嘴裡擴散開來，令心情爽快無比的輕盈版雞尾酒。同樣的調製方法，也可用薄荷香甜酒、櫻桃白蘭地或阿瑪雷托杏仁香甜酒等，各種不同的香甜酒來製作。

夏翠絲綠寶香甜酒……30～45mℓ
通寧水……適量
萊姆片

將夏翠絲綠寶香甜酒倒入裝有冰塊的酒杯中，再加入冰鎮通寧水直到滿杯，然後輕輕攪拌一下。依個人喜好以萊姆片為裝飾。

Scarlett O'Hara

郝思嘉

15度 中口 搖盪法

這是以知名電影《亂世佳人》的女主角命名的雞尾酒。將水蜜桃風味的南方安逸香甜酒，混合了酸味很強的果汁，調製出清爽的味道。

南方安逸香甜酒……30mℓ
蔓越莓汁……20mℓ
檸檬汁……10mℓ

將材料搖晃均勻，然後倒入雞尾酒杯中。

Spumoni

泡泡

5度 中口 直調法

這款雞尾酒發源自金巴利香甜酒的故鄉義大利。降低甜度的清爽口感，就像是在喝果汁一般的感覺。Spumoni是義大利文「起泡」的意思。

金巴利香甜酒……30mℓ
葡萄柚汁……45mℓ
通寧水……適量
檸檬角、綠櫻桃

將金巴利香甜酒和葡萄柚汁倒入裝有冰塊的酒杯中，再加入冰鎮通寧水直到滿杯，然後輕輕攪拌一下。

Sloe Gin Cocktail

黑刺李琴酒雞尾酒

18度 中口 攪拌法

以黑刺李這種李子為原料製作而成的黑刺李琴酒，與2種香艾酒混合，調製出味道高雅、酸酸甜甜的雞尾酒。

黑刺李琴酒	30ml
不甜香艾酒	15ml
甜香艾酒	15ml
檸檬皮	

將材料倒入攪拌杯中攪拌均勻，然後倒入雞尾酒杯中。

Sloe Gin Fizz

黑刺李琴酒費士

黑刺李琴酒的酸味與蘇打水的爽快感很協調的費士類型長飲型雞尾酒。與「可可費士（P.182）」相較之下，甜度降低，喝起來很順口。

黑刺李琴酒	45ml
檸檬汁	20ml
純糖漿	1 tsp
蘇打水	適量
檸檬角	

將蘇打水以外的材料搖晃均勻，倒入裝有冰塊的酒杯中，再加入冰鎮蘇打水直到滿杯，然後輕輕攪拌一下。依個人喜好以檸檬角為裝飾。

Cynar & Cola

吉拿可樂

6度 甘口 直調法

將味道近似於金巴利香甜酒的吉拿開胃利口酒摻兌可樂，調製出高球類型（P.42）的一款長飲型雞尾酒。在甜味中感受到微微的苦味為其魅力所在。

吉拿開胃利口酒	45ml
可樂	適量
檸檬角	

將吉拿開胃利口酒倒入裝有冰塊的酒杯中，再加入冰鎮可樂直到滿杯，然後輕輕攪拌一下。依個人喜好以檸檬角為裝飾。

Charlie Chaplin

查理卓別林

23度 甘口 搖盪法

以2種果實類香甜酒混合而成的水果風味雞尾酒。杏桃的微甜和黑刺李的酸味很契合，調製出爽快的口感。

黑刺李琴酒 ………………… 20mℓ
杏桃白蘭地 ………………… 20mℓ
檸檬汁 ……………………… 20mℓ

將材料搖晃均勻，然後倒入裝有冰塊的古典杯中。

China Blue

中國藍

5度 中口 直調法

在搭配效果非常出色的荔枝香甜酒和葡萄柚汁之中，添加了通寧水的爽快感，調製出感覺像果汁的雞尾酒。藍庫拉索酒的顏色在杯中擴散開來，十分美麗。

荔枝香甜酒 ………………… 30mℓ
葡萄柚汁 …………………… 45mℓ
通寧水 ……………………… 適量
藍庫拉索酒 ………………… 1 tsp

將荔枝香甜酒和葡萄柚汁倒入裝有冰塊的酒杯中，再加入冰鎮通寧水直到滿杯，輕輕攪拌一下，然後讓藍庫拉索酒沉入杯底。

Disarita

迪薩利塔

27度 中口 搖盪法

將阿瑪雷托杏仁香甜酒的濃厚香氣，混合龍舌蘭特有的風味和萊姆的酸味。甘甜刺激的口感是屬於成人口味的雞尾酒。

阿瑪雷托杏仁香甜酒 ……… 30mℓ
龍舌蘭 ……………………… 15mℓ
萊姆汁（萊姆糖漿）……… 15mℓ

將材料搖晃均勻，然後倒入雞尾酒杯中。

Discovery
發現

7度 甘口 直調法

蛋黃酒的醇厚和薑汁汽水的爽快感很相配的雞尾酒。在乾淨俐落的味道當中有著濃厚的甜味，是其魅力所在。

蛋黃酒（Advocaat）……… 45mℓ
薑汁汽水 …………………… 適量

將蛋黃酒倒入裝有冰塊的酒杯中，再加入冰鎮薑汁汽水直到滿杯，然後輕輕攪拌一下。

Dita Fairy
迪塔妖精

5度 中口 搖盪法

Fairy是「妖精」的意思。將荔枝香甜酒和葡萄柚汁混合，再加上薄荷的風味，調製出口感清爽的雞尾酒。

荔枝香甜酒（DITA）……… 30mℓ
蘭姆酒（白）……………… 10mℓ
綠薄荷香甜酒 …………… 10mℓ
葡萄柚汁 ………………… 10mℓ
通寧水 …………………… 適量
薄荷葉

將通寧水以外的材料搖晃均勻，倒入裝有冰塊的酒杯中，再加入冰鎮通寧水直到滿杯。依個人喜好以薄荷葉為裝飾。

Violet Fizz
紫羅蘭費士

8度 中口 搖盪法

可以享受到紫羅蘭香甜酒的妖豔顏色和甘甜香氣的雞尾酒。檸檬的酸味和蘇打水的爽快感很相稱，口感出乎意料地清爽。

紫羅蘭香甜酒 …………… 45mℓ
檸檬汁 …………………… 20mℓ
純糖漿 …………………… 1 tsp
蘇打水 …………………… 適量
綠櫻桃

將蘇打水以外的材料搖晃均勻，倒入裝有冰塊的酒杯中，再加入冰鎮蘇打水直到滿杯，然後輕輕攪拌一下。依個人喜好以綠櫻桃為裝飾。

Banana Bliss

香蕉天堂

26度 甘口 直調法

香蕉香甜酒的濃厚甜香和白蘭地的芳醇很相稱的簡易雞尾酒。Bliss是「幸福」或「天堂之樂」。

香蕉香甜酒 ………………… 30mℓ
白蘭地 ……………………… 30mℓ

將材料倒入裝有冰塊的酒杯中，然後輕輕攪拌一下。

Valencia

瓦倫西亞

14度 甘口 搖盪法

這是以知名的柳橙產地，西班牙瓦倫西亞地區命名的雞尾酒。以將杏桃白蘭地和柳橙汁完美地調合成多汁的味道為特色。

杏桃白蘭地 ………………… 40mℓ
柳橙汁 ……………………… 20mℓ
柑橘苦精 ………………… 4 dashes

將材料搖晃均勻，然後倒入雞尾酒杯中。

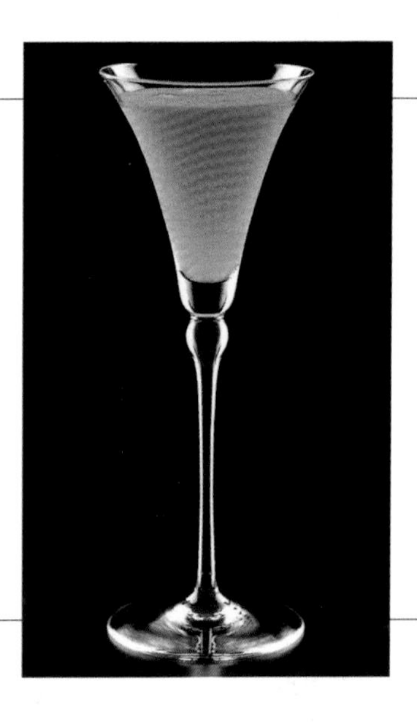

Picon Cocktail

皮康雞尾酒

17度 甘口 攪拌法

將微苦的藥草類香甜酒和帶有甜味的香草類加味葡萄酒混合，調製出濃厚又高雅的味道。

皮康橙香開胃酒 ……………… 30mℓ
甜香艾酒 …………………… 30mℓ

將材料倒入攪拌杯中攪拌均勻，然後倒入雞尾酒杯中。

Ping Pong

乒乓

29度 甘口 搖盪法

將酸甜的黑刺李琴酒，和以芳醇的紫羅蘭香氣為特色的紫羅蘭香甜酒混合，調製出標準雞尾酒。「乒乓」指的是「桌球」。

黑刺李琴酒	30mℓ
紫羅蘭香甜酒	30mℓ
檸檬汁	1 tsp

將材料搖晃均勻，然後倒入雞尾酒杯中。

Fuzzy Navel

禁果

8度 中口 直調法

英文名稱是「曖昧的臍橙」之意的水果風味雞尾酒。水蜜桃香甜酒的水果甜味和柳橙汁的酸味是最佳的搭配。

水蜜桃香甜酒	45mℓ
柳橙汁	適量

將水蜜桃香甜酒倒入裝有冰塊的酒杯中，再加入冰鎮柳橙汁直到滿杯，然後輕輕攪拌一下。

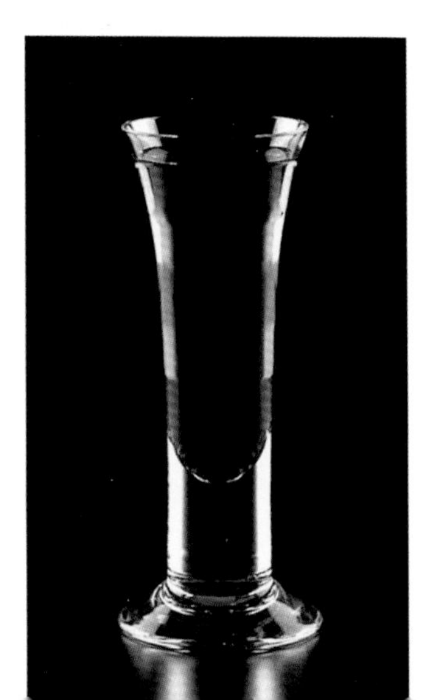

Pousse-Café

普施咖啡

28度 甘口 直調法

利用酒類的糖分比重，層層相疊調製而成的雞尾酒。依照所使用的香甜酒和相疊的層數，有各種不同的變化。

紅石榴糖漿	10mℓ
哈密瓜香甜酒	10mℓ
藍庫拉索酒	10mℓ
夏翠絲黃寶香甜酒	10mℓ
白蘭地	10mℓ

依順序從紅石榴糖漿開始，用漂浮法將材料緩緩倒入利口酒杯中。

Blue Lady

藍色佳人

16度 中口 搖盪法

以藍庫拉索酒為主的新奇雞尾酒。在爽快的柳橙風味當中，加入琴酒和檸檬汁，混入蛋白，調製出柔順的味道。

- 藍庫拉索酒……30mℓ
- 乾型琴酒……15mℓ
- 檸檬汁……15mℓ
- 蛋白……1個

將材料充分搖晃均勻，然後倒入碟型香檳杯中。

Bulldog

鬥牛犬

可以直接品嘗到櫻桃白蘭地的清爽香氣和酸甜味道的雞尾酒。隱約的酸味和苦味抑制住甜味，喝起來很順口。

- 櫻桃白蘭地……30mℓ
- 蘭姆酒（白）……20mℓ
- 萊姆汁……10mℓ

將材料搖晃均勻，然後倒入雞尾酒杯中。

Velvet Hammer

天鵝絨榔頭

16度 甘口 搖盪法

將柳橙風味的白庫拉索酒和以藍山咖啡為原料製作的蒂亞瑪麗亞咖啡香甜酒混合而成的甘口雞尾酒。名稱的由來是因為滑順的口感令人聯想到天鵝絨。

- 白庫拉索酒……20mℓ
- 蒂亞瑪麗亞咖啡香甜酒……20mℓ
- 鮮奶油……20mℓ

將材料充分搖晃均勻，然後倒入雞尾酒杯中。

Boccie Ball

滾球

6度 中口 直調法

在柳橙汁清爽的口感中加入了阿瑪雷托杏仁香甜酒濃厚的杏仁香氣，調製出可以用輕盈的感覺品嘗的雞尾酒。

阿瑪雷托杏仁香甜酒	30mℓ
柳橙汁	30mℓ
蘇打水	適量
柳橙片、瑪拉斯奇諾櫻桃	

將阿瑪雷托杏仁香甜酒和柳橙汁倒入裝有冰塊的酒杯中，再加入冰鎮蘇打水直到滿杯，然後輕輕攪拌一下。依個人喜好以柳橙片和瑪拉斯奇諾櫻桃為裝飾。

Hot Campari

熱金巴利

10度 中口 直調法

以微苦味廣受喜愛的義大利香甜酒調製而成的熱飲雞尾酒。隱約的苦味、酸味、甜味等，可以品嘗到金巴利香甜酒豐富多樣的味道。

金巴利香甜酒	40mℓ
檸檬汁	1 tsp
蜂蜜	1 tsp
熱水	適量

將材料倒入熱飲用的酒杯中，然後輕輕攪拌一下。

Bohemian Dream

波希米亞夢想

18度 中口 搖盪法

以杏桃白蘭地甜而清爽的香氣搭配柑橘類果汁的酸味，調製出十分順口的雞尾酒。

杏桃白蘭地	15mℓ
柳橙汁	30mℓ
檸檬汁	1 tsp
紅石榴糖漿	2 tsp
蘇打水	適量
柳橙片、綠櫻桃	

將蘇打水以外的材料搖晃均勻，倒入酒杯中，再加入冰鎮蘇打水直到滿杯。依個人喜好以柳橙片和綠櫻桃為裝飾。

Mint Frappé

薄荷芙萊蓓

17度 甘口 直調法

只使用綠薄荷香甜酒調製的芙萊蓓類型（P.43）標準雞尾酒。不只是薄荷香甜酒，幾乎大部分的香甜酒都可以同樣調製成芙萊蓓類型來品嘗。

綠薄荷香甜酒……………… 45mℓ
薄荷葉

在碟型香檳杯或尺寸較大的雞尾酒杯中裝滿碎冰，然後倒入綠薄荷香甜酒，以薄荷葉為裝飾。

Melon Ball

哈密瓜球

在使用哈密瓜香甜酒調製的雞尾酒當中最具代表性。哈密瓜香甜酒醇厚的味道與柳橙的酸甜感非常對味。

哈密瓜香甜酒……………… 60mℓ
伏特加…………………… 30mℓ
柳橙汁…………………… 60mℓ
柳橙片

將哈密瓜香甜酒和伏特加倒入裝有冰塊的酒杯中，再加入冰鎮柳橙汁直到滿杯，然後輕輕攪拌一下。依個人喜好以柳橙片為裝飾。

Melon & Milk

哈密瓜牛奶

7度  直調法

這款雞尾酒與「卡魯哇牛奶（P.183）」的差別在於基酒。除了哈密瓜香甜酒之外，可以搭配牛奶調製的有可可香甜酒、薄荷香甜酒、阿瑪雷托杏仁香甜酒、荔枝香甜酒等。

哈密瓜香甜酒………… 30～45mℓ
牛奶……………………… 適量

將哈密瓜香甜酒倒入裝有冰塊的酒杯中，再加入冰鎮牛奶直到滿杯，然後輕輕攪拌一下。

Litchi & Grapefruit

荔枝葡萄柚

5度 中口 直調法

荔枝香甜酒充滿水果風味的甜味，搭配葡萄柚汁微苦的味道最對味。

荔枝香甜酒 ………………… 45mℓ
葡萄柚汁 …………………… 適量
綠櫻桃

將荔枝香甜酒倒入裝有冰塊的酒杯中，再加入冰鎮葡萄柚汁直到滿杯，然後輕輕攪拌一下。依個人喜好以綠櫻桃為裝飾。

Ruby Fizz

紅寶石費士

8度 中口 搖盪法

以紅寶石的顏色構思出來的費士類型（P.43）長飲型雞尾酒。以黑刺李琴酒清爽的酸甜滋味為特色。

黑刺李琴酒 ………………… 45mℓ
檸檬汁 …………………… 20mℓ
紅石榴糖漿 ………………… 1 tsp
砂糖（純糖漿） …………… 1 tsp
蛋白 ………………………… 1個
蘇打水 ……………………… 適量

將蘇打水以外的材料充分搖晃均勻，倒入裝有冰塊的酒杯中，再加入冰鎮蘇打水直到滿杯，然後輕輕攪拌一下。

Rhett Butler

白瑞德

25度 甘口 搖盪法

這是以電影《亂世佳人》男主角的名字命名的雞尾酒。南方安逸香甜酒清爽的甜味，與柑橘類果汁隱約的酸味很相配。

南方安逸香甜酒 …………… 20mℓ
橘庫拉索酒 ………………… 20mℓ
萊姆汁 ……………………… 10mℓ
檸檬汁 ……………………… 10mℓ

將材料搖晃均勻，然後倒入雞尾酒杯中。

葡萄酒&香檳雞尾酒

Wine & Champagne Base Cocktails

充分發揮各種葡萄酒特性的雞尾酒為數眾多。
以酒精濃度低，喝起來又很順口的雞尾酒為中心。

Addington

阿丁頓

14度 中口 直調法

將不甜&甜的2種香艾酒摻兌蘇打水調製而成的雞尾酒。可以盡情享受香艾酒複雜的味道。

不甜香艾酒……30mℓ
甜香艾酒……30mℓ
蘇打水……適量
柳橙皮

將香艾酒倒入裝有冰塊的古典杯中，再加入少量的蘇打水，然後輕輕攪拌一下。擠壓柳橙皮噴附皮油，然後將柳橙皮直接放入酒杯中。

Adonis
阿多尼斯

16度 中口 攪拌法

充分發揮不甜雪莉酒的風味，具有代表性的一款餐前酒。阿多尼斯是希臘神話中「維納斯深愛的美少年」。

不甜雪莉酒 ………………… 40mℓ
甜香艾酒 ……………………… 20mℓ
柑橘苦精 ………………… 1 dash

將材料倒入攪拌杯中攪拌均勻，然後倒入雞尾酒杯中。

Americano
美國佬

7度 中口 直調法

Americano是義大利文「美國人」的意思。這是誕生於義大利的雞尾酒，金巴利香甜酒的微苦和甜香艾酒的甜味，搭配得恰到好處。

甜香艾酒 …………………… 30mℓ
金巴利香甜酒 ……………… 30mℓ
蘇打水 ……………………… 適量
檸檬皮

將甜香艾酒和金巴利香甜酒倒入裝有冰塊的酒杯中，再加入冰鎮蘇打水直到滿杯，然後輕輕攪拌一下，擠壓檸檬皮噴附皮油。

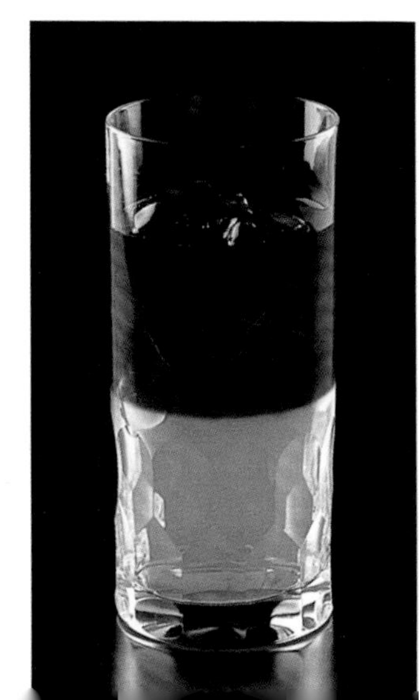

American Lemonade
美國檸檬水

3度 中口 直調法

紅葡萄酒漂浮在檸檬水上面的低酒精濃度雞尾酒。也可以不攪拌它，直接飲用，享受紅葡萄酒和檸檬水自然混合的滋味。

紅葡萄酒 …………………… 30mℓ
檸檬汁 ……………………… 40mℓ
砂糖（純糖漿）………… 2～3 tsp
礦泉水 ……………………… 適量

將檸檬汁和砂糖放入酒杯中，使砂糖充分溶勻，加入冰塊之後，再倒入冰鎮礦泉水直到滿杯，然後輕輕攪拌一下。緩緩倒入冰鎮紅葡萄酒使之漂浮在上層。

Kir

基爾

11度 中口 直調法

這是法國勃艮第地區第戎市的市長基爾先生所設計的雞尾酒。白葡萄酒與黑醋栗的甜香融為一體，調製出高雅的味道。最適合作為餐前酒品飲。

白葡萄酒……60mℓ
黑醋栗香甜酒……10mℓ

> 將冰鎮白葡萄酒和黑醋栗香甜酒倒入笛型香檳杯中，然後輕輕攪拌一下。

Kir Royal

皇家基爾

12度 中口 直調法

這是將「基爾」的基酒更換成香檳（或氣泡葡萄酒）調製而成的雞尾酒。如果將黑醋栗香甜酒更換成覆盆子香甜酒，就成了「帝國基爾（Kir Imperial）」。

香檳……60mℓ
黑醋栗香甜酒……10mℓ

> 將材料倒入笛型香檳杯（或葡萄酒杯）中，然後輕輕攪拌一下。

Green Land

綠色大地

6度 甘口 直調法

這是1981年「三得利熱帶雞尾酒競賽」的優勝作品。創作者是上田克彥先生。將白葡萄酒和甜味的哈密瓜香甜酒混合之後，再添加通寧水的爽快感，適合夏季飲用的一款。

白葡萄酒……30mℓ
哈密瓜香甜酒……30mℓ
通寧水……適量
鳳梨角

將白葡萄酒和哈密瓜香甜酒倒入裝滿碎冰的酒杯中，再加入冰鎮通寧水直到滿杯，然後輕輕攪拌一下。依個人喜好以鳳梨角為裝飾。

Klondike Highball

克倫代克高球

7度 中口 搖盪法

這是以2種香艾酒為基底的高球類長飲型雞尾酒。甘口、辛口混合得恰到好處，隱隱約約的藥草香帶來清爽的口感。

不甜香艾酒……30mℓ
甜香艾酒……30mℓ
檸檬汁……20mℓ
砂糖（純糖漿）……1 tsp
薑汁汽水……適量
檸檬片

將薑汁汽水以外的材料搖晃均勻，倒入有冰塊的酒杯中，再加入冰鎮薑汁汽水直到滿杯，輕輕攪拌一下。依個人喜好以檸檬片為裝飾。

Champagne Cocktail

香檳雞尾酒

15度 中口 直調法

這款雞尾酒因為在電影《北非諜影》的一幕場景中，亨弗萊・鮑嘉的一句台詞：「為妳的雙眸乾杯！」而一舉成名。從方糖冒出來的氣泡展演浪漫的氣氛。

香檳……1杯
安格仕苦精……1 dash
方糖……1個
檸檬皮

將方糖放入碟型香檳杯中，抖振安格仕苦精。倒入冰鎮香檳直到滿杯，然後擠壓檸檬皮噴附皮油。

Symphony

交響曲

14度　甘口　攪拌法

Symphony是「交響曲」或「和諧」的意思。以水蜜桃的甜香柔和地裹住白葡萄酒，調製出充滿水果風味的甘口雞尾酒。

- 白葡萄酒……30mℓ
- 水蜜桃香甜酒……15mℓ
- 紅石榴糖漿……1 tsp
- 純糖漿……2 tsp

將材料倒入攪拌杯中攪拌均勻，然後倒入雞尾酒杯中。

Spritzer

斯普里策

Spritzer的語源來自於德文的「spritzen（噴濺）」。蘇打水清爽的口感讓白葡萄酒喝起來更順口，是一款酒精濃度較低的健康雞尾酒。

- 白葡萄酒……60mℓ
- 蘇打水……適量

將冰鎮白葡萄酒倒入裝有冰塊的葡萄酒杯中，再加入冰鎮蘇打水直到滿杯，然後輕輕攪拌一下。

Soul Kiss

靈魂之吻

13度　中口　搖盪法

這是將2種香艾酒和多寶力香甜酒這3種加味葡萄酒混合調製成的開胃雞尾酒。香草類的深邃濃醇和隱約酸味達到絕妙平衡。

- 不甜香艾酒……20mℓ
- 甜香艾酒……20mℓ
- 多寶力香甜酒……10mℓ
- 柳橙汁……10mℓ

將材料搖晃均勻，然後倒入雞尾酒杯中。

Dubonnet Fizz

多寶力費士

7度 中口 搖盪法

以多寶力香甜酒為基底調製而成的費士類型長飲型雞尾酒。特色為將藥草類和果汁的味道平衡地調合成清新的口感。

多寶力香甜酒……45mℓ
柳橙汁……20mℓ
檸檬汁……10mℓ
櫻桃白蘭地……1 tsp
蘇打水……適量
柳橙片

將蘇打水以外的材料搖晃均勻，倒入裝有冰塊的酒杯中，再加入冰鎮蘇打水直到滿杯，然後輕輕攪拌一下。依個人喜好以柳橙片為裝飾。

Bucks Fizz

霸克費士

8度 中口 直調法

將「含羞草（P.203）」調製成長飲類型享用的雞尾酒。以柳橙和香檳的水果風味口感為特色。又稱為「香檳費士」。

香檳……適量
柳橙汁……60mℓ
柳橙片、綠櫻桃

將冰鎮柳橙汁倒入裝有冰塊的酒杯中，再加入冰鎮香檳直到滿杯，然後輕輕攪拌一下。依個人喜好以柳橙片、綠櫻桃為裝飾。

Bamboo

竹子

16度 辛口 攪拌法

將不甜雪莉酒和不甜香艾酒這2種辛口葡萄酒混合而成，誕生於日本的開胃雞尾酒。Bamboo為「竹子」的意思。

不甜雪莉酒……40mℓ
不甜香艾酒……20mℓ
柑橘苦精……1 dash

將材料倒入攪拌杯中攪拌均勻，然後倒入雞尾酒杯中。

Bellini

貝里尼

9度 甘口 直調法

1948年，義大利佛羅倫斯的哈利酒吧，其經營者設計出這款一雞尾酒，而後廣傳至全世界。水蜜桃高雅的甜味和氣泡葡萄酒的搭配堪稱是絕品。貝里尼是「文藝復興初期的畫家」。

氣泡葡萄酒……適量
NECTAR水蜜桃汁……60mℓ
紅石榴糖漿……1 dash

將冰鎮水蜜桃汁和紅石榴糖漿倒入笛型香檳杯中，輕輕攪拌一下，再加入冰鎮氣泡葡萄酒直到滿杯。

White Mimosa

白色含羞草

7度 中口 直調法

將「含羞草（P.203）」中的柳橙汁更換成葡萄柚汁調製而成。葡萄柚汁帶來些微的苦味，與「含羞草」相較之下，味道更為爽快純淨。

香檳……適量
葡萄柚汁……60mℓ

將冰鎮葡萄柚汁倒入香檳杯中，再加入冰鎮香檳直到滿杯（兩者在酒杯中為1比1的分量）。

Mt. Fuji

富士山

19度 中口 搖盪法

1939年在西班牙馬德里所舉辦的「萬國雞尾酒競賽」中，由日本調酒師協會展出的作品，榮獲佳作1等獎的雞尾酒。甜香艾酒搭配柑橘類的風味是最佳的組合。

甜香艾酒……40mℓ
蘭姆酒（白）……20mℓ
檸檬汁……2 tsp
柑橘苦精……1 dash

將材料搖晃均勻，然後倒入雞尾酒杯中。

Mimosa
含羞草

7度 中口 直調法

因為酒的顏色與「含羞草的花」相似而以此命名。這是以前法國的上流階層很喜歡當做餐前酒品飲的雞尾酒。

香檳……適量
柳橙汁……60mℓ

將冰鎮柳橙汁倒入笛型香檳杯中，再加入冰鎮香檳直到滿杯（兩者在酒杯中為1比1的分量）。

Wine Cooler
葡萄酒酷樂

12度 中口 直調法

葡萄酒酷樂沒有什麼特別的固定酒譜，連作為基酒的葡萄酒也是紅、白、粉紅皆可。在葡萄酒裡面加進果汁或清涼飲料水的飲品，全都是葡萄酒酷樂。

葡萄酒（紅、白、粉紅）……90mℓ
橘庫拉索酒……15mℓ
柳橙汁……30mℓ
紅石榴糖漿……15mℓ
柳橙片

在裝滿碎冰的酒杯中，依照順序倒入冰鎮葡萄酒、果汁、紅石榴糖漿和橘庫拉索酒，然後輕輕攪拌一下，以柳橙片為裝飾。

Wine Float
漂浮葡萄酒

12度 中口 搖盪法

將荔枝和水蜜桃這類水果風味的甘口香甜酒，與果汁混合一起，調製成適合在派對上飲用的雞尾酒。漂浮在上面的紅葡萄酒十分美麗。

紅葡萄酒……30mℓ
荔枝香甜酒……10mℓ
水蜜桃香甜酒……10mℓ
鳳梨汁……30mℓ
檸檬汁……1 tsp

將紅葡萄酒以外的材料搖晃均勻，倒入裝有1～2個冰塊的碟型香檳杯中，再緩緩地倒入紅葡萄酒，使之漂浮在上層。

啤酒雞尾酒

Beer Base Cocktails

在此介紹多款展現華麗氣氛的啤酒雞尾酒。
一邊想像著顏色和香氣，一邊試著調製出屬於自己的酒飲。

Campari Beer
金巴利啤酒

9度 中口 直調法

啤酒和金巴利香甜酒微微的苦味融合成味道深邃的啤酒雞尾酒。啤酒染上金巴利香甜酒的義大利紅，美極了。

啤酒……適量
金巴利香甜酒……30mℓ

將金巴利香甜酒倒入酒杯中，再倒入充分冰鎮的啤酒直到滿杯，然後輕輕攪拌一下。

Cranberry Beer

蔓越莓啤酒

4度　中口　直調法

在啤酒當中混合了蔓越莓汁的酸味和紅石榴糖漿的甜味，調製出散發著果香、味道清爽的雞尾酒。

啤酒	適量
蔓越莓汁	30mℓ
紅石榴糖漿	1 tsp

> 將蔓越莓汁和紅石榴糖漿倒入酒杯中，再倒入充分冰鎮的啤酒直到滿杯，輕輕攪拌。

Submarino

潛水艇

辛口　直調法

將龍舌蘭連同一口杯沉入啤酒當中來飲用，是專為嗜酒者調製的雞尾酒。葡萄牙文Submarino是「潛水艇」的意思。如果將龍舌蘭換成威士忌，就成了「鍋爐製造商（Boilermaker）」這款雞尾酒。

啤酒	適量
龍舌蘭（白色）	60mℓ

> 將充分冰鎮的啤酒倒入酒杯中大約3/4的高度，再將龍舌蘭倒入一口杯中，然後將整杯龍舌蘭連同一口杯一起沉入裝有啤酒的酒杯裡。

Shandy Gaff
香迪蓋夫

2度 中口 直調法

在英國的酒吧，大家暱稱它為「香迪」，這是從很久以前開始就深受大家喜愛的低酒精濃度雞尾酒。薑汁汽水的生薑風味和愛爾淡啤酒（英式頂層發酵啤酒）的苦味非常契合。

啤酒（愛爾淡啤酒）……… ½杯
薑汁汽水 …………………… ½杯

將充分冰鎮的啤酒和薑汁汽水倒入酒杯中，然後輕輕攪拌一下（對照酒杯的容量，兩者為1比1的比例）。

Dog's Nose
狗鼻子

11度 辛口 直調法

這是一款加入了琴酒刺激的芳香調製而成的辛口啤酒雞尾酒。即使外觀看起來與一般的啤酒無異，酒精濃度還是高了一點，口感也比較強烈。

乾琴酒 ……………………… 45mℓ
啤酒 ………………………… 適量

將乾型琴酒倒入預先冰鎮的酒杯中，再倒入充分冰鎮的啤酒直到滿杯，然後輕輕攪拌一下。

Panaché
帕納雪

2度 中口 直調法

法文Panaché這個詞是代表「混合」的意思。雖然歐美地區是以摻兌檸檬水（Lemonade）為主流，但是在日本，以檸檬風味的碳酸飲料來兌酒的情形也很常見。

啤酒 ………………………… ½杯
檸檬水 ……………………… ½杯

將較大的酒杯預先冰鎮備用，然後同時倒入充分冰鎮的啤酒和檸檬水（對照酒杯的容量，兩者為1比1的比例）。

Beer Spritzer
啤酒斯普里策

9度 中口 直調法

將啤酒和白葡萄酒混合之後品飲，是一款充滿清爽輕盈感的雞尾酒。如果想要喝到美味的雞尾酒，重點在於要預先將啤酒、白葡萄酒、酒杯充分冰鎮。

啤酒……………………………………………… ½杯
白葡萄酒………………………………………… ½杯
檸檬皮

將白葡萄酒倒入裝有冰塊的葡萄酒杯中，再倒入冰鎮啤酒直到滿杯，然後輕輕攪拌一下（對照酒杯的容量，兩者為1比1的比例）。依喜好擠壓檸檬皮噴附皮油。

Peach Beer
水蜜桃啤酒

7度 甘口 直調法

以水蜜桃的香氣搭配啤酒的芳香調製而成的水果風味啤酒雞尾酒。如果在意甜度的話，可以調整香甜酒和糖漿的分量。

啤酒……………………………………………… 適量
水蜜桃香甜酒…………………………………… 30mℓ
紅石榴糖漿……………………………………… 1～2 tsp

將水蜜桃香甜酒和紅石榴糖漿倒入酒杯中，再倒入充分冰鎮的啤酒直到滿杯，然後輕輕攪拌一下。

Black Velvet

黑色天鵝絨

9度 中口 直調法

將司陶特啤酒（以苦味和酸味為特色的英國深色啤酒）和香檳混合而成的歐洲傳統雞尾酒。以像天鵝絨一般濃稠細緻的氣泡為特色。

司陶特啤酒 …………………………… 1/2杯
香檳 ………………………………… 1/2杯

> 將較大的酒杯預先冰鎮備用，然後同時倒入充分冰鎮的司陶特啤酒和香檳（對照酒杯的容量，兩者為1比1的比例）。

Mint Beer

薄荷啤酒

將綠薄荷香甜酒加入啤酒中，調製出充滿清涼感的雞尾酒。薄荷的清爽香氣和清新爽快感使這杯雞尾酒比起一般的啤酒更好喝。香甜酒的分量可依個人喜好增減。

啤酒 ……………………………………… 適量
綠薄荷香甜酒 ………………………… 15mℓ

> 將充分冰鎮的啤酒倒入酒杯中，再加入綠薄荷香甜酒，然後輕輕攪拌一下。

Red Eye
紅眼

2度 辛口 直調法

將啤酒加上番茄汁調製而成的雞尾酒。番茄的酸味與啤酒的香氣非常契合，出乎意料喝起來很順口。基本配方是1比1的比例，但也可以依照個人喜好增減。酒名源自雞尾酒的顏色就像宿醉時紅紅的眼睛。

啤酒……………………………………½杯
番茄汁…………………………………½杯

將冰鎮番茄汁倒入酒杯中，再倒入充分冰鎮的啤酒直到滿杯，然後輕輕攪拌一下（對照酒杯的容量，兩者為1比1的比例）。

Red Bird
紅鳥

這是一款味道介於「紅眼」和「血腥瑪麗（P.103）」之間的雞尾酒。啤酒和伏特加的分量可依個人喜好增減。

啤酒……………………………………適量
伏特加…………………………………45mℓ
番茄汁…………………………………60mℓ
檸檬角

將冰鎮的伏特加和番茄汁倒入酒杯中，再倒入充分冰鎮的啤酒直到滿杯，然後輕輕攪拌一下。依個人喜好以檸檬角為裝飾。

燒酎雞尾酒

Shouchu Base Cocktails

泡盛能發揮清新的味道。黑糖燒酎能突顯質樸的甜味。
甲類燒酎則能調製出清爽暢快的雞尾酒。

Awamori Cocktail

泡盛雞尾酒

15度 中口 搖盪法

泡盛的香氣和白庫拉索酒的酸味是最佳的搭檔。隱隱飄散出綠薄荷香甜酒的芳香，令人留下深刻的印象。創作者是東京惠比壽「和風Dining／魚之骨」的店主櫻庭基成先生。

泡盛……20mℓ
白庫拉索酒……20mℓ
鳳梨汁……20mℓ
萊姆汁……1 tsp
綠薄荷香甜酒……1 tsp

將綠薄荷香甜酒以外的材料搖晃均勻，倒入雞尾酒杯中，然後緩緩倒入綠薄荷香甜酒使之沉於杯底。

Awamori Fizz

泡盛費士

8度 中口 搖盪法

這是以泡盛作為基底的費士類型長飲型雞尾酒。柑橘類的酸味突顯出泡盛的風味，調製出充滿爽快感的口感。

泡盛……45mℓ
檸檬汁……20mℓ
純糖漿……1 tsp
蘇打水……適量
萊姆片

將蘇打水以外的材料搖晃均勻，倒入裝有冰塊的酒杯中，再加入冰鎮蘇打水直到滿杯，然後輕輕攪拌一下。依個人喜好以萊姆片為裝飾。

Anzunchu

杏桃泡盛

這一杯雞尾酒表現出吃下杏桃時口中酸酸甜甜的感覺。泡盛獨特的香氣和杏桃白蘭地的芳醇甜味非常對味，融合成清爽的味道。創作者為櫻庭基成先生。

泡盛……20mℓ
杏桃白蘭地……20mℓ
柳橙汁……10mℓ
檸檬汁……10mℓ

將材料搖晃均勻，然後倒入雞尾酒杯中。

Oisoju

小黃瓜燒酎

10度 辛口 直調法

這是將小黃瓜（Oi）放入在韓國很受歡迎的燒酎（Soju）之中再飲用的一款雞尾酒。加入小黃瓜可以使燒酎的味道變得醇厚，據說還可以防止喝醉。還有人說會變成哈密瓜的風味。

燒酎（甲類）……………………………… 45mℓ
蘇打水（或礦泉水）……………………… 適量
小黃瓜棒 ……………………………… 3～4根

將燒酎倒入裝有冰塊的酒杯中，再加入冰鎮蘇打水（或礦泉水）直到滿杯，然後附上切成薄條狀的小黃瓜棒。

Kokuto Piña

黑糖鳳梨

7度  中口 搖盪法

這也可以說是「鳳梨可樂達（P.117）」燒酎版的熱帶風味飲品。以柳橙汁和椰奶交織而成的水果＆牛奶風味的口感為特色。與黑糖燒酎也非常契合。創作者為櫻庭基成先生。

黑糖燒酎 …………………………………… 30mℓ
柳橙汁 ……………………………………… 60mℓ
椰奶 ………………………………………… 30mℓ
柳橙片、鳳梨角、瑪拉斯奇諾櫻桃

將材料搖晃均勻，然後倒入裝滿碎冰的較大型酒杯中。依個人喜好以柳橙片、鳳梨角、瑪拉斯奇諾櫻桃為裝飾。

Shima Caipirinha

島卡琵莉亞

20度 中口 直調法

這款酒是「蘭姆卡琵莉亞（P.123）」的黑糖燒酎版。黑糖燒酎的味道也類似蘭姆酒，柑橘類水果的酸味可以將黑糖燒酎的味道突顯出來。如果在意甜度的話，不加入砂糖（純糖漿）也OK。

黑糖燒酎 …… 45mℓ
柳橙片 …… 1片
萊姆片 …… 2片
檸檬片 …… 2片
砂糖（純糖漿）…… ½～1 tsp

將切碎的水果片放入酒杯中，加入砂糖之後充分搗壓。接著裝滿碎冰，再倒入黑糖燒酎，稍微攪拌一下，然後附上攪拌棒。

Chu Bulldog

燒酎鬥牛犬

9度 中口 直調法

甲類燒酎摻兌葡萄柚汁調製而成的簡易雞尾酒。味道幾乎近似鮮榨果汁。也可以嘗試使用個性豐富的乙類燒酎（黑糖、泡盛、大麥、地瓜等）來製作。

燒酎（甲類）…… 45mℓ
葡萄柚汁 …… 適量
瑪拉斯奇諾櫻桃、綠櫻桃

將燒酎倒入裝有冰塊的酒杯中，再倒入冰鎮葡萄柚汁直到滿杯，然後輕輕攪拌一下。依個人喜好以瑪拉斯奇諾櫻桃、綠櫻桃為裝飾。

Lemon Chu-hai

檸檬燒酎高球

10度 辛口 直調法

燒酎兌蘇打水稀釋後，加入檸檬的酸味調製的簡易雞尾酒。洋溢著清涼感的辛口口感，即使喝上好幾杯也不覺得膩。使用的燒酎可以從甲類、乙類當中選用個人喜歡的品項。

燒酎 …… 45mℓ
蘇打水 …… 適量
檸檬角

將燒酎倒入裝有冰塊的酒杯中，再倒入冰鎮蘇打水直到滿杯，擠入檸檬角的汁液，將檸檬角放入酒杯中，然後輕輕攪拌一下。

無酒精雞尾酒

Non-Alcoholic Base Cocktails

每一款飲品的清新感和深邃的味道都與一般的雞尾酒無異。
適合不擅長飲酒的人，以及在不能喝酒的日子裡飲用。

Cool Collins

清涼可林斯

0度 中口 直調法

這是以檸檬汁為基底調製而成的可林斯類型（P.42）無酒精雞尾酒。喝起來像是充滿薄荷香氣的檸檬蘇打這樣的味道。檸檬汁若是以新鮮檸檬現榨製作的話會更加美味，請務必試試看。

檸檬汁……60mℓ
純糖漿……1 tsp
薄荷葉……5～6片
蘇打水……適量

將蘇打水以外的材料放入可林杯中，然後搗壓薄荷葉。將冰塊裝入酒杯中，再倒入冰鎮蘇打水直到滿杯，然後輕輕攪拌一下。

Saratoga Cooler

薩拉托加酷樂

0度 中口 直調法

這款雞尾酒是以伏特加為基底的「莫斯科騾子（P.106）」的無酒精版。萊姆的酸味和薑汁汽水的清爽感，暢快純淨，容易入口。如果在意甜度的話，不加入純糖漿也OK。

萊姆汁……………………………………20mℓ
純糖漿……………………………………1 tsp
薑汁汽水…………………………………適量
萊姆片

將萊姆汁和純糖漿倒入裝有冰塊的酒杯中，再倒入冰鎮薑汁汽水直到滿杯，然後輕輕攪拌一下。依個人喜好，可加入切碎的萊姆片。

Shirley Temple

雪莉鄧波

這是以1930年代風靡一時的美國知名童星雪莉・鄧波為名，調製出的無酒精雞尾酒。依據正式的酒譜，原本是以像「馬頸（P.179）」中削成螺旋狀的檸檬皮當作點綴裝飾。

紅石榴糖漿………………………………20mℓ
薑汁汽水…………………………………適量
檸檬角、瑪拉斯奇諾櫻桃

將紅石榴糖漿倒入有冰塊的酒杯中，再倒入冰鎮薑汁汽水直到滿杯，輕輕攪拌一下。依個人喜好以檸檬角和瑪拉斯奇諾櫻桃為裝飾。

Cinderella

仙杜瑞拉

0度 中口 搖盪法

這是混合了3種果汁，口感清爽的無酒精雞尾酒。經過搖盪之後，口感變得更柔和，果汁的風味更加豐富。

柳橙汁……20mℓ
檸檬汁……20mℓ
鳳梨汁……20mℓ
瑪拉斯奇諾櫻桃、薄荷葉

將材料搖晃均勻，然後倒入雞尾酒杯中。依個人喜好以瑪拉斯奇諾櫻桃和薄荷葉為裝飾。

Virgin Breeze

無酒精微風

0度 中口 搖盪法

這款雞尾酒是以伏特加為基底的「海上微風（P.97）」的無酒精版。混合了2種甜度較低的果汁，調製出口感如微風一般清爽的清涼飲料。

葡萄柚汁……60mℓ
蔓越莓汁……30mℓ

將材料搖晃均勻，然後倒入裝有冰塊的大型酒杯中。

Peach Melba

蜜桃梅爾芭

0度 中口 搖盪法

這款雞尾酒的名稱源自於法國料理界的大師埃斯科菲耶，他獻給當時很受歡迎的女高音梅爾芭的同名甜點。水蜜桃汁增添了微甜的果香，是一款成人味道的無酒精雞尾酒。

NECTAR水蜜桃汁 ………… 60mℓ
檸檬汁 ………………………… 15mℓ
萊姆汁 ………………………… 15mℓ
紅石榴糖漿 ………………… 10mℓ

將材料搖晃均勻，然後倒入裝有冰塊的古典杯中。

Pussyfoot

貓步

0度 中口 搖盪法

原本pussyfoot的意思是「像貓一樣靜悄悄地走路」，但是這款雞尾酒的名稱，據說是源自於美國知名的禁酒運動家威廉・E・約翰遜，以他的外號「貓步」來命名。醇厚柔順的口感為其特色。

柳橙汁 ………………………… 45mℓ
檸檬汁 ………………………… 15mℓ
紅石榴糖漿 ………………… 1 tsp
蛋黃 …………………………… 1個

將材料充分搖晃均勻，然後倒入香檳杯或較大的雞尾酒杯中。

Florida

佛羅里達

0度 中口 搖盪法

這是在美國施行禁酒令時期（1920～1933）誕生的無酒精雞尾酒。在柑橘類的清爽味道當中添加了安格仕苦精，增添獨特的風味。

柳橙汁 ………………………… 40mℓ
檸檬汁 ………………………… 20mℓ
砂糖（純糖漿） …………… 1 tsp
安格仕苦精 ……………… 2 dashes

將材料搖晃均勻，然後倒入雞尾酒杯中。

Milk Shake

奶昔

0度 **甘口** **搖盪法**

這是使用牛奶和蛋來製作，有著懷舊滋味的無酒精雞尾酒。首先只將蛋進行搖盪，這樣的話全體比較容易混合均勻。砂糖的分量可依個人喜好增減。如果加入香草精來增添香氣，可調製出更深邃的味道。

牛奶……120～150mℓ
蛋……1個
砂糖（純糖漿）……1～2 tsp

將材料充分搖晃均勻，然後倒入裝有冰塊的酒杯中。

Lemonade

檸檬水

0度 **中口** **直調法**

這是一杯很受歡迎的無酒精雞尾酒，有著質樸的酸甜滋味。檸檬汁以新鮮檸檬現榨的話一定很好喝。砂糖如果替換成「蜂蜜」會更健康，味道也會更醇厚。冬季時會想要倒入熱水，享用熱飲。

檸檬汁……40mℓ
砂糖（純糖漿）……2～3 tsp
水（礦泉水）……適量
檸檬片

將檸檬汁和砂糖放入酒杯中，充分攪拌均勻。將冰塊裝入酒杯中，再倒入冰鎮的水（礦泉水）直到滿杯，然後輕輕攪拌一下。依個人喜好以檸檬片為裝飾。

第3章

雞尾酒的基礎知識

調製雞尾酒時必備的 吧台器具

一開始要先備妥「3項基本器具」。有了「量酒器」、「雪克杯」、「吧叉匙」，就可以使用「直調法」或是「搖盪法」調製本書中大部分的雞尾酒。如果要進一步使用「攪拌法」的話，需要準備「攪拌杯&隔冰匙」，要使用「攪打法」的話，則需要準備「碎冰機」和「電動攪拌機（果汁機）」，以這樣的感覺視需要備妥器具吧。

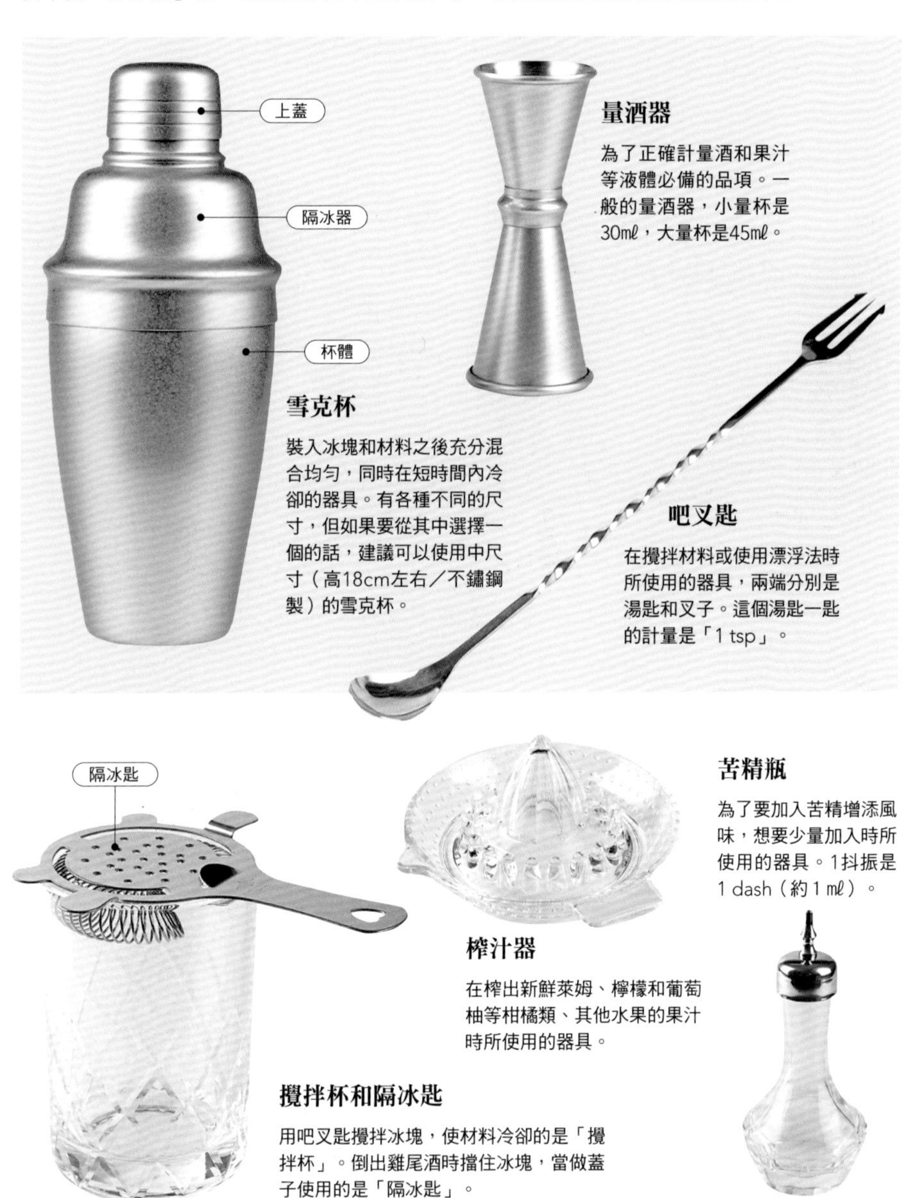

量酒器

為了正確計量酒和果汁等液體必備的品項。一般的量酒器，小量杯是30mℓ，大量杯是45mℓ。

雪克杯

裝入冰塊和材料之後充分混合均勻，同時在短時間內冷卻的器具。有各種不同的尺寸，但如果要從其中選擇一個的話，建議可以使用中尺寸（高18cm左右／不鏽鋼製）的雪克杯。

吧叉匙

在攪拌材料或使用漂浮法時所使用的器具，兩端分別是湯匙和叉子。這個湯匙一匙的計量是「1 tsp」。

苦精瓶

為了要加入苦精增添風味，想要少量加入時所使用的器具。1抖振是1 dash（約1 mℓ）。

榨汁器

在榨出新鮮萊姆、檸檬和葡萄柚等柑橘類、其他水果的果汁時所使用的器具。

攪拌杯和隔冰匙

用吧叉匙攪拌冰塊，使材料冷卻的是「攪拌杯」。倒出雞尾酒時擋住冰塊，當做蓋子使用的是「隔冰匙」。

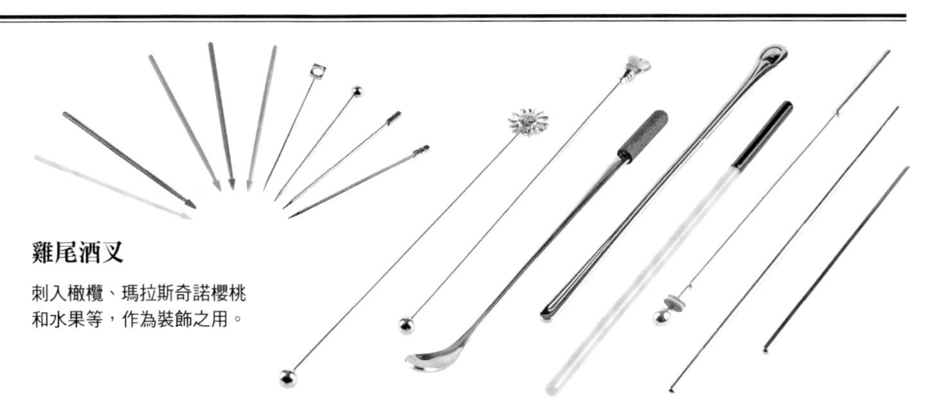

雞尾酒叉

刺入橄欖、瑪拉斯奇諾櫻桃和水果等，作為裝飾之用。

攪拌棒

附在長飲型雞尾酒中，在飲用前用來攪拌，或是用來搗壓水果等。

搗棒

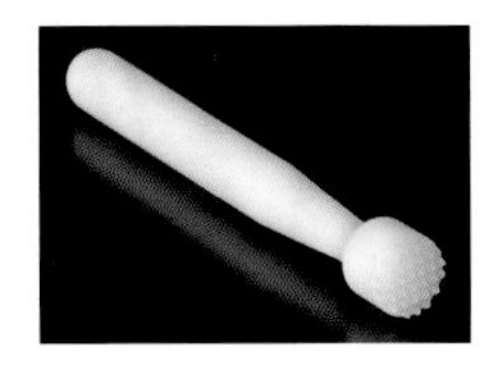

在調製莫西多等雞尾酒時，用來搗壓酒杯中的薄荷葉，或是搗壓水果的器具。也有木製或不鏽鋼製品。

碎冰機

放入岩型冰塊之後轉動把手，可用來製作碎冰的器具。也有電動的機型。

簡易碎冰器

將方形冰塊放入容器的內側，握住把手夾起來，將冰塊夾碎，製作成碎冰的器具。

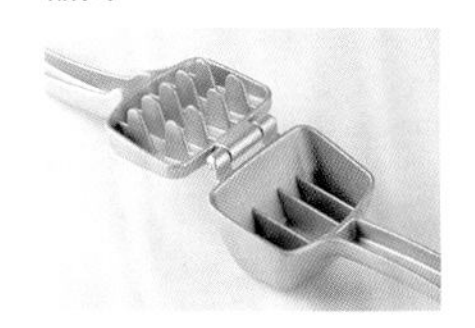

電動攪拌機

放入碎冰，製作「霜凍類型」雞尾酒的器具。用來製作像冰沙一樣的雞尾酒時也很便利。也可以改用一般家庭用的果汁機（P.228）代替。

雞尾酒的酒杯

調製雞尾酒的重點之一就是選擇酒杯。
先考慮想要調製的雞尾酒類型和材料分量等，考慮過後再準備吧。

雞尾酒杯

短飲型雞尾酒專用的酒杯。有倒三角形的酒杯和具有優雅曲線的酒杯等，設計很豐富。容量90mℓ是標準尺寸，但也有60～240mℓ等各種不同的尺寸。

熱飲用酒杯

附有耐熱把手的酒杯，有各種不同的設計。

古典杯

又稱為「岩石杯」，主要用來喝「加冰塊類型」的長飲型雞尾酒。一般的容量是180～300mℓ。

平底杯

又稱為「高球杯」，除了用於「高球類型」的雞尾酒之外，所有的長飲型雞尾酒都可以使用。容量240mℓ是標準尺寸，但多半是使用300mℓ左右的杯子。

可林杯

又稱為「高身杯」或是「殭屍杯」，指的是圓筒形的高身玻璃杯。主要用於以碳酸飲料調製的長飲型雞尾酒。容量為300～360mℓ。

葡萄酒杯

世界各國有各種不同大小和設計的葡萄酒杯，白葡萄酒和紅葡萄酒使用的杯子形狀不一樣。容量為150～300mℓ。

沙瓦杯

用於「沙瓦類型」的雞尾酒。一般的容量為120mℓ左右。

高腳杯

用於要使用大量冰塊的熱帶風味雞尾酒和啤酒，以及葡萄酒雞尾酒等。標準容量是300mℓ，但也有很多大型的尺寸。

笛型香檳杯

杯口的部分狹窄，細長高身的香檳杯。用於氣泡葡萄酒和葡萄酒雞尾酒。標準容量是120mℓ，但也有大型的尺寸。

啤酒杯

雖然是啤酒和啤酒雞尾酒專用，但也可以用於其他的長飲型雞尾酒。有各種不同的容量。

白蘭地杯

雖然是純飲白蘭地時使用的鬱金香杯，但也可以用於熱帶風味雞尾酒等。標準容量為240～300mℓ。

霜凍杯

用於「霜凍類型」雞尾酒的杯子。容量為300～460mℓ。

碟型香檳杯

杯口的部分寬廣的香檳杯。有各種不同的形狀和大小，也可以用於「霜凍類型」的雞尾酒。

雞尾酒的基本技法

調製雞尾酒的技法有「直調法」、「搖盪法」、「攪拌法」、「攪打法」這4種。
首先學會量酒器的使用方法，再一步一步地進階吧。

量酒器的使用方法

量酒器有上下兩個大小量杯，將酒和果汁等材料倒入量杯裡面計量正確分量。雖然形狀和容量有幾種類型，但以「30mℓ+45mℓ」為標準尺寸。請參考右圖，先記好自己的刻度分量。

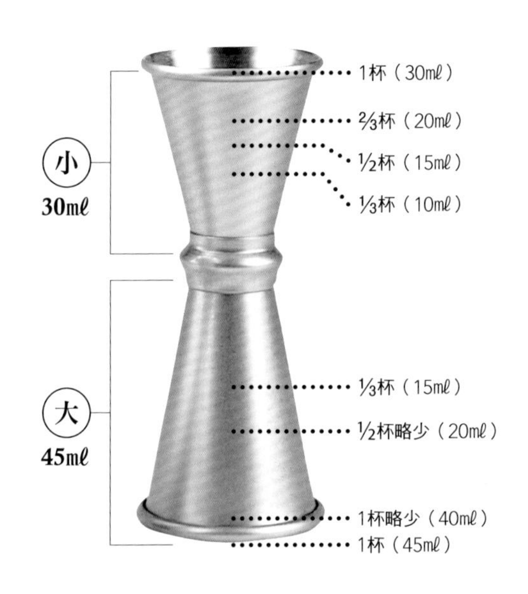

量酒器的拿法

專業的拿法

以左手的中指和食指拿著量酒器的腰身部分。這麼一來，就能直接拿著量酒器，用空出來的拇指和食指取下酒瓶的瓶蓋，進行其他作業。

穩健的拿法

以拇指和食指拿著量酒器的腰身部分。還不熟練時，用這個方法拿量酒器也無妨。

◉量酒器的分量標準

計量10mℓ的時候	小⅓杯
計量15mℓ的時候	小½杯，或大⅓杯
計量20mℓ的時候	小⅔杯，或大½杯略少
計量30mℓ的時候	小1杯
計量40mℓ的時候	大1杯略少
計量45mℓ的時候	大1杯
計量50mℓ的時候	大1杯略多
計量60mℓ的時候	小2杯

直調法
Build

將材料直接倒入酒杯中，只以吧叉匙混合攪拌的簡單技法。材料要預先充分冰鎮，這點很重要。碳酸飲料很容易沒氣，所以使用的時候請注意，不要攪拌過度。

吧叉匙的拿法

慣用右手的人，將吧叉匙的上部輕輕夾在中指和無名指間，以拇指按住，其他手指則輕輕地扶著吧叉匙。

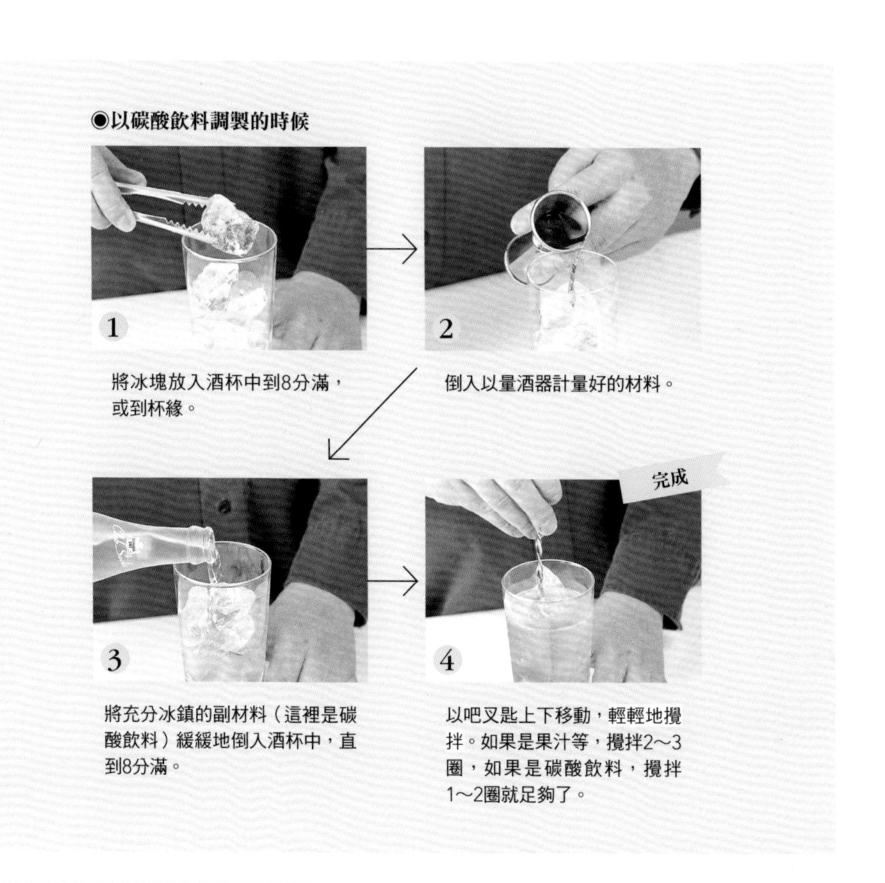

1 將冰塊放入酒杯中到8分滿，或到杯緣。

2 倒入以量酒器計量好的材料。

3 將充分冰鎮的副材料（這裡是碳酸飲料）緩緩地倒入酒杯中，直到8分滿。

4 以吧叉匙上下移動，輕輕地攪拌。如果是果汁等，攪拌2～3圈，如果是碳酸飲料，攪拌1～2圈就足夠了。

搖盪法
Shake

這是搖盪雪克杯，將材料和冰塊混合的技法。這個技法可以使不易混合均勻的材料快速地混合冷卻，因為酒裡面包含著空氣，所以酒精濃度高的酒，口感會變得溫和圓潤。

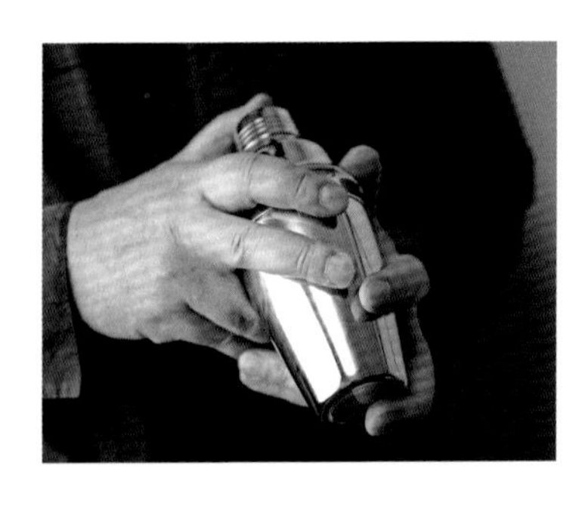

雪克杯的拿法

以可以拿穩雪克杯的那隻手（這裡是右手）的拇指壓住上蓋，無名指由下方撐住，食指和中指由上方蓋住，像夾著雪克杯一樣拿著。以左手的中指支撐著杯體的底部，其餘的手指以包覆的方式自然地拿著雪克杯。

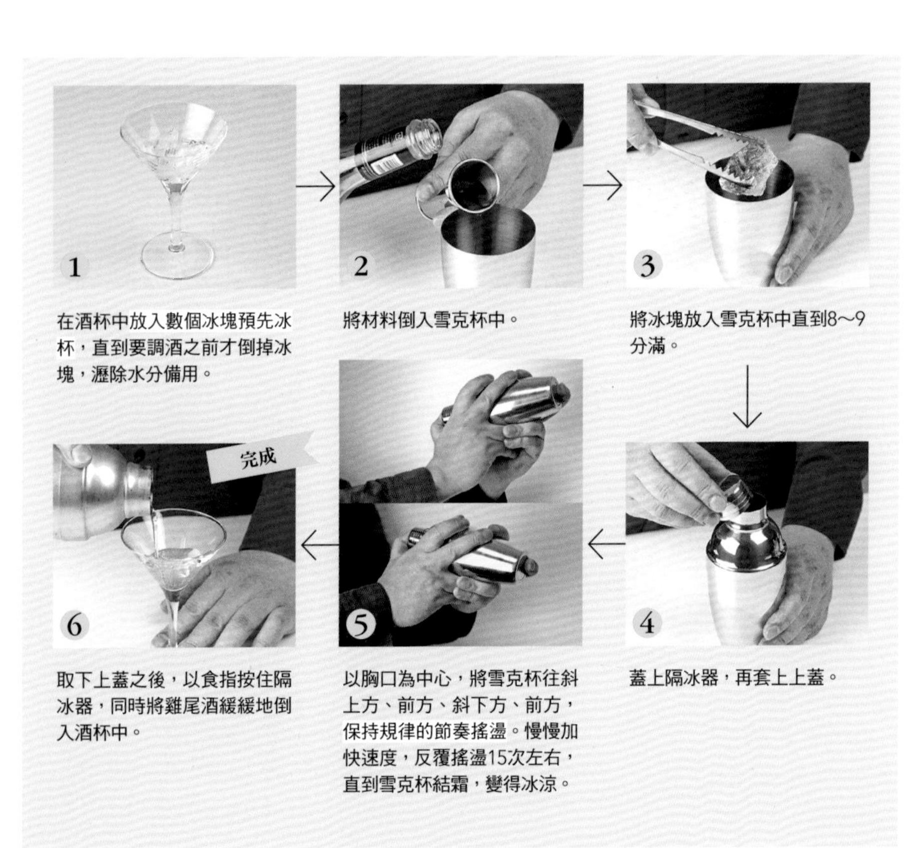

1 在酒杯中放入數個冰塊預先冰杯，直到要調酒之前才倒掉冰塊，瀝除水分備用。

2 將材料倒入雪克杯中。

3 將冰塊放入雪克杯中直到8～9分滿。

4 蓋上隔冰器，再套上上蓋。

5 以胸口為中心，將雪克杯往斜上方、前方、斜下方、前方，保持規律的節奏搖盪。慢慢加快速度，反覆搖盪15次左右，直到雪克杯結霜，變得冰涼。

6 取下上蓋之後，以食指按住隔冰器，同時將雞尾酒緩緩地倒入酒杯中。

攪拌法
Stir

這個技法是將冰塊和材料倒入攪拌杯中，以吧叉匙迅速攪拌使酒冷卻，然後倒入酒杯。直接讓素材發揮原有的風味就完成了，是個看似簡單，實則深奧的技法。

1 在酒杯中放入數個冰塊預先冰杯，直到要調酒之前才倒掉冰塊，瀝除水分備用。

2 在攪拌杯中放入4～5個冰塊，再加入水，直到7分滿左右，攪動吧叉匙，去除冰塊的稜角，蓋上隔冰匙，先倒掉水分。

3 倒入材料之後，以在攪拌杯的內側摩擦的方式，快速攪動15～20次左右。

4 為了擋住冰塊，所以將隔冰匙蓋在攪拌杯的上面。

5 以食指按住隔冰匙，其餘的手指拿著攪拌杯，將雞尾酒緩緩地倒入酒杯中。

攪打法
Blend

使用電動攪拌機（或是果汁機）將材料混合在一起的技法。用來製作霜凍類型的雞尾酒，或是要與草莓、奇異果等新鮮水果混合的雞尾酒等。

在酒杯中放入數個冰塊預先冰杯，直到要調酒前才倒掉冰塊，瀝除水分備用。

在電動攪拌機中倒入3～4個冰塊和1杯水，啟動開關攪打10秒左右，使電動攪拌機冷卻，先倒掉內容物。

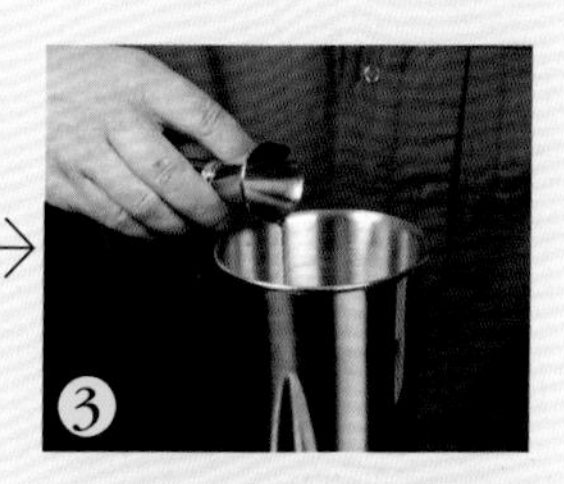

將材料倒入電動攪拌機中。

放入碎冰。

讓電動攪拌機攪打15～20秒，直到變成雪酪狀為止。

使用吧叉匙輔助，將雞尾酒轉移到酒杯中。

如果沒有電動攪拌器，也可以改用家庭用的果汁機（可以製作刨冰的機型）。

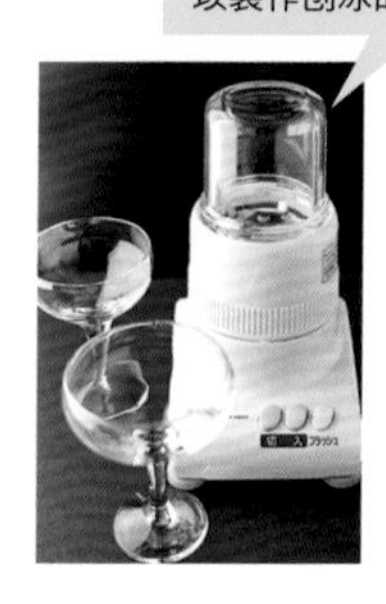

擦拭酒杯的方法

酒杯先以中性洗劑清洗乾淨，再以熱水充分涮洗，然後將酒杯倒扣，瀝除水分。趁水分還沒乾時，用雙手拿著專用布巾擦乾水分。如果布巾不大，可以使用2條布巾擦拭。

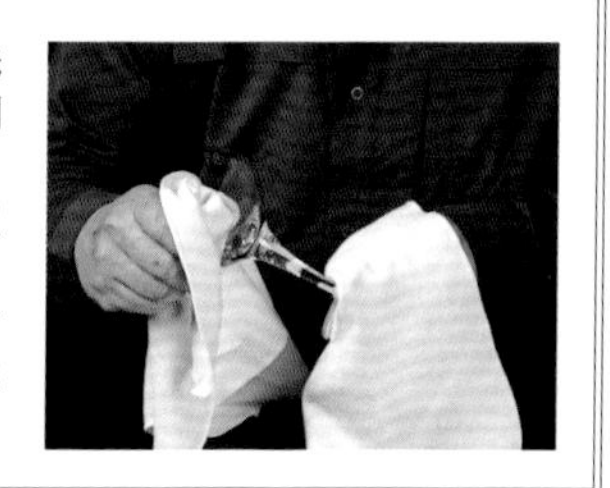

其他技法

噴附皮油

用刀子削下約拇指大小的檸檬皮。將檸檬皮的表面朝前用拇指和中指夾著，以食指按住檸檬皮，由酒杯的斜上方約15cm處擠壓檸檬皮噴附皮油。

漂浮法

漂浮法是讓材料漂浮在頂層的意思。使用吧叉匙的背面以傳遞材料的方式，緩緩地將材料倒入杯中。

潤杯

在酒杯中倒入少量的苦精或香艾酒等，然後傾斜酒杯，讓內側平均沾濕之後倒掉杯中的液體。這是為雞尾酒增添香氣的技法之一。

鹽口杯／糖口杯

將酒杯的杯緣抵在檸檬的切面，轉一圈，使杯緣沾濕。

在平盤中倒滿鹽（或砂糖），將酒杯的杯口朝下，輕輕壓在鹽（或砂糖）上面，然後拿起酒杯。

霜環杯

將紅石榴糖漿或是藍庫拉索酒倒入具有深度的杯子中，然後將香檳杯的杯口朝下，筆直地浸泡在液體當中。

另取一個具有深度的杯子，倒入砂糖，將香檳杯筆直地壓進砂糖中，然後輕輕拿起香檳杯。

莫西多7款

調製方法&變化版

在街頭非常受歡迎的莫西多，是適合夏季飲用的雞尾酒。它也因為是大文豪厄尼斯特・海明威在古巴哈瓦那的「柏迪奇達酒吧」很愛喝的雞尾酒，因此名聞遐邇。雖然基本上是以白蘭姆酒為基底，但是不妨更換基酒，或是調整材料，享用原創的莫西多吧。

新鮮萊姆和新鮮薄荷
清新的爽快感充滿魅力！

莫西多
Mojito

12度

●材料（1杯份）

材料	份量
白蘭姆酒	20mℓ
新鮮萊姆	½個
砂糖（或純糖漿）	1 tsp
薄荷葉	10～15片
碎冰	適量
蘇打水	適量

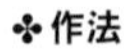

✤作法

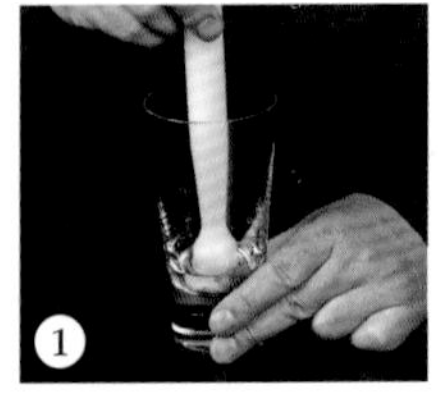

將薄荷葉和砂糖（或純糖漿）放入酒杯中，以搗棒輕輕搗壓。

待薄荷散發出香氣之後，倒入白蘭姆酒。

擠壓新鮮萊姆的汁液，然後連皮放入酒杯中。

以吧叉匙輕輕攪拌。

將碎冰裝入酒杯中直到8分滿左右。

輕輕攪拌。

緩緩地加入蘇打水，然後將吧叉匙上下移動，輕輕攪拌。

以薄荷葉為裝飾，然後附上吸管。

✤注意要點

薄荷葉若是搗壓過度的話會釋出苦味，所以輕輕搗壓至飄散出香氣的程度即可。盡量只摘取葉片的部分使用。碎冰最好是用市售的岩型冰塊製作而成。不加入蘇打水也OK。

將基酒更換成 龍舌蘭

墨西哥莫西多

Mexican Mojito

12度

龍舌蘭……………………………………45mℓ
新鮮萊姆…………………………………½個
龍舌蘭糖漿（或純糖漿）…………………1 tsp
薄荷葉………………………………10～15片
碎冰…………………………………………適量
蘇打水………………………………………適量

＊不論使用白色龍舌蘭（Blanco）、黃色龍舌蘭（Reposado）或金色龍舌蘭（Añejo）都OK。

將基酒更換成 黑蘭姆酒

黑蘭姆莫西多

Dark Mojito

12度

黑蘭姆酒…………………………………45mℓ
新鮮萊姆…………………………………½個
純糖漿……………………………………1 tsp
薄荷葉………………………………10～15片
碎冰…………………………………………適量
蘇打水………………………………………適量

＊不論是哪個品牌的黑蘭姆酒都OK。

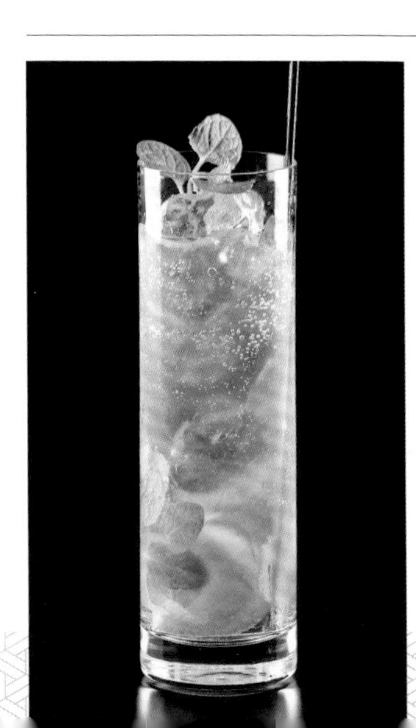

將蘇打水更換成 香檳

香檳莫西多

Champagne Mojito

10度

白蘭姆酒…………………………………20mℓ
新鮮檸檬…………………………………¼個
純糖漿……………………………………1 tsp
薄荷葉……………………………………6～7片
香檳（或氣泡葡萄酒）……………………適量

＊新鮮萊姆換成新鮮檸檬，蘇打水換成香檳。冰塊的話，使用岩型冰塊也OK。

將基酒更換成 金巴利

金巴利莫西多
Campari Mojito

5度

金巴利香甜酒……………………………30mℓ
新鮮萊姆……………………………¼～½個
純糖漿………………………………………適量
薄荷葉……………………………………6～7片
蘇打水………………………………………適量

＊除了金巴利香甜酒，也可以使用自己喜愛的香甜酒調製。冰塊的話，使用岩型冰塊也OK。

將基酒更換成 梅酒

梅酒莫西多
Umeshu Mojito

4度

梅酒…………………………………………45mℓ
新鮮萊姆……………………………………½個
純糖漿………………………………………適量
薄荷葉……………………………………6～7片
碎冰…………………………………………適量
蘋果酒（或蘇打水）………………………適量

＊將蘇打水更換成蘋果酒（Cider）調製成的甘口莫西多，不加入純糖漿也OK。

與 草莓&奇異果 混合而成

水果莫西多
Fruit Mojito

9度

白蘭姆酒……………………………………45mℓ
新鮮草莓……………………………………2個
奇異果………………………………………½個
新鮮萊姆……………………………………¼個
薄荷葉………………………………………10片
通寧水（或蘇打水）………………………適量

＊將切碎的水果和薄荷葉放入酒杯中以搗棒搗壓，再倒入分量稍多一點的通寧水，然後輕輕攪拌。

雞尾酒用語集

※ 依筆畫順序排列

●一口杯
用來品飲烈酒的平底小酒杯。又稱「純飲杯」。

●丁香
將丁香花的花苞乾燥而成，加熱之後會散發出甜香。加入熱威士忌和熱葡萄葡萄酒裡，可以享受它的香氣。

●大茴香
原產於希臘、埃及等地中海東部地區的繖形科一年生草本植物。以類似八角、茴香的獨特甜香為特色。使用大茴香製作的香甜酒有「保樂茴香香甜酒」、「法國茴香酒（Pastis）」、「苦艾酒（Absinthe）」、「茴香酒（Anisette）」、「烏佐酒（Ouzo）」等。

●干邑白蘭地
在法國西南部干邑地區的特定地域所生產的白蘭地。與「雅馬邑白蘭地」並列為法國兩大名酒之一。

●手鑿冰
使用冰鑿，鑿出直徑約3～4cm的粗糙碎冰，用於搖盪法和攪拌法等技法。可以用超商或超市販售的「岩型冰塊」代替。

●方形冰塊
邊長約3cm左右的立方體冰塊。大致上等同於家庭用冰箱的製冰機所製造出來的冰塊。

●比例各半（half and half）
將2種酒各以相同的分量混合調製而成的雞尾酒。

●水果類香甜酒
以柳橙、杏桃、黑醋栗等為代表，用果實類原料製成的香甜酒（P.147）。

●加利安諾香甜酒
洋溢著香草和大茴香的香味，義大利生產的藥草・香草類香甜酒。

●加味葡萄酒
以葡萄酒為基底，加入香草類、果實、蜂蜜等香味，為風味增添變化的葡萄酒。以「香艾酒」、「多寶力香甜酒」、「桑格利亞酒」等為代表。在調製雞尾酒時，香艾酒特別重要，有辛口的「不甜香艾酒」和甘口的「甜香艾酒」，義大利和法國為兩大生產地（P.145）。

●加拿大威士忌
在加拿大生產的威士忌的總稱。一般的製造方法是先製作加味威士忌和基酒威士忌這2種原酒，然後將兩者混合。加味威士忌是以裸麥為主原料，另外還使用裸麥麥芽、大麥麥芽、玉米等。基酒威士忌是以玉米為主原料，另外還使用大麥麥芽等。

●卡爾瓦多斯蘋果白蘭地
法國諾曼第地區生產的蘋果酒所蒸餾而成的天然蘋果白蘭地，其中在卡爾瓦多斯省生產的是以此命名（P.143）。

●古典杯　→P.222

●可林斯類型　→P.42

●平底杯　→P.222

●白庫拉索酒　→庫拉索酒

●白蘭地
以果實酒製成的蒸餾酒總稱。單單提到白蘭地的話，指的是以葡萄為原料的葡萄白蘭地，其中以法國的「干邑白蘭地」和「雅瑪邑白蘭地」舉世聞名，也有以蘋果為原料的蘋果白蘭地、以櫻桃為原料的櫻桃白蘭地等（P.143）。

●皮康橙香開胃酒
以橙皮和龍膽草的根等為主要原料，法國生產的藥草・香草類香甜酒。

●伏特加
將穀物蒸餾之後，經由活性碳過濾，製作出毫無香氣和味道等的酒，以無味無臭、無色為特色。毫無異味的純淨味道最適合作為雞尾酒的材料。除了無味無臭的原味伏特加之外，也有添加了藥草和水果等的香氣的調味伏特加（P.139）。

●冰桶
裝入冰塊備用的容器。一般冰桶的底部都會有隔層的設計。

●冰塊夾
將冰塊放入酒杯中的時候，用來夾取冰塊的器具。

●冰鑿
用來切開冰塊的錐狀器具。

●吉拿開胃利口酒
以朝鮮薊酒為基底，加入了13種藥草，是義大利生產的藥草・香草類香甜酒。

●托迪類型　→P.43

●有勁
表示酒精濃度和刺激感的字詞。如果說「這酒很有勁」，代表這是酒精濃度很高、酒力強勁的酒。

●肉桂
以樟科的肉桂樹皮製作而成的香料，特色是隱約的甜味和清爽的芳香。有棒狀和粉狀兩種類型，前者用於為熱飲增添香氣。

●君度橙酒
法國的人頭馬君度公司所生產的白庫拉索酒。以橙皮為原料，特色是清爽的柑橘風味和圓潤的甜味。用來當做雞尾酒的材料或是餐後酒皆可（P.147）。

●抖振（dash）
1抖振是將苦精瓶揮灑1次的分量（4～6滴＝約1mℓ）。

●杏桃白蘭地
指的是「杏桃香甜酒」。當做總稱時，多半會這樣稱呼（P.147）。

●沙瓦杯　→P.223

●沙瓦類型　→P.42

●果皮
指的是小片的柑橘皮。擠壓果皮噴附皮油時，會使用檸檬皮或柳橙皮。這是為雞尾酒增添香氣的技法，以指尖彎摺果皮，從酒杯的上方將香味成分（皮油）擠壓噴附在杯中（P.229）。

●波本威士忌
主要以美國肯塔基州為中心所生產的一種威士忌。原料中有一半以上是玉米，其他部分則使用裸麥、大麥、小麥等。

●直調法　→P.225

●芙萊蓓類型　→P.43

●長飲型雞尾酒
以平底杯或可林杯等尺寸較大的酒杯調製，花較長的時間慢慢品飲的雞尾酒。

●威士忌
以大麥、小麥、玉米等穀物為原料，經過糖化、發酵、蒸餾的過程，裝入木桶中熟成而成的酒。在世界各地使用適合當地風土的穀物製作，所以擁有各種不同的味道。具有代表性的威士忌有蘇格蘭、愛爾蘭、加拿大、美國、日本，被稱為「世界5大威士忌」（P.142）。

●柳橙皮　→果皮。

●紅石榴糖漿
在石榴汁裡加砂糖熬煮而成的紅色糖漿。也有不加入果汁的商品。

●美國威士忌
美國生產的威士忌的總稱。有波本威士忌、裸麥威士忌、玉米威士忌、麥芽威士忌等。

●苦精
以藥草為原料製成，有著強烈苦味和香氣的飲料，是一種香甜酒（在本書中歸類為「增添香氣」的材料）。安格仕苦精和柑橘苦精等是用來增添香氣的（P.149）。

●香艾酒（Vermouth）
以葡萄酒為基酒，增添香草類或果實等的風味所製成的「加味葡萄酒」（P.145）。

●香甜酒（Crème de）
在素材的法文名稱前加上「Crème de～」的字眼，表示這是將材料風味加強的香甜酒，並非表示這是奶油狀或包含奶油的香甜酒。

●香甜酒
在蒸餾酒（烈酒）當中，加入果實和藥草等風味，具有其他的味道、香氣和顏色的酒，總稱為香甜酒。又稱為「混成酒」。通常，依照原料的不同，可區分成「水果類」、「藥草類」、「堅果、種子類」、「其他」這4大類別（P.146）。

●香檳
只有使用法國香檳地區生產的特定葡萄品種，再以香檳地區傳統的製法釀造而成的氣泡葡萄酒，才能稱為香檳。其他地區釀製的法國產氣泡葡萄酒，稱為「克雷蒙（Crémant）」、「慕瑟爾（Vin Mousseux）」等等。

●庫拉索酒
以苦橙的果皮為主要原料，增添香味製作而成的香甜酒。除了「白庫拉索酒（君度橙酒）」之外，還有「橘庫拉索酒」、「藍庫拉索酒」等（P.147）。

●氣泡葡萄酒
英文Sparkling Wine這個詞是「起泡的葡萄酒」之意，又稱為「發泡葡萄酒」。法國香檳地區所生產的「香檳」十分有名，至於法國的其他地區則有「克雷蒙（Crémant）」、「慕瑟爾（Vin Mousseux）」等等。義大利有「斯普曼泰（Spumante）」，西班牙則有「艾斯普莫莎（Espumosa）」或稱為「卡瓦（Cava）」，德國有「蕭姆凡（Schaumwein）」或稱為「錫可（Sekt）」等。

●烈酒　→蒸餾酒

●盎斯（oz）
表示分量的單位。1盎斯約30mℓ。

●茱莉普類型　→P.43

●酒瓶保冰桶（Wine Cooler）
為了冷卻葡萄酒，倒入冰塊之後使用的容器。也有英文名稱同樣是Wine Cooler的雞尾酒，中文譯名為「葡萄酒酷樂（P.203）」。

●酒精純度（proof）
表示酒精含量的單位有「美制」和「英制」兩種。近年來一般使用的美制酒度，要以日本的酒精度數乘以2倍計算（40度＝80 proof）。

●酒譜（recipe）
指的是解說雞尾酒的材料、分量和調合方法等調製方法。英文recipe的原意是藥物的處方箋。

●高球類型　→P.42

●乾型
不甜的意思。若是「very dry」、「extra dry」，則是更加不甜的意思。

●基底
在製作雞尾酒時，作為主體的酒。又稱為「基酒」。

●堅果、種子類香甜酒
以阿瑪雷托杏仁香甜酒和卡魯哇咖啡香甜酒為代表，用果實的種子、果核、堅果類等原料製成的香甜酒。任何一種都以濃厚的香味為特色，也可以像吃甜點的感覺一樣，當成餐後酒來飲用（P.149）。

●混成酒
一般用來稱呼「香甜酒」，指的是在釀造酒或蒸餾酒中加入香料或果實萃取物等製成的酒。不過，在葡萄酒和啤酒之中加入香味成分製成的酒不叫混成酒。

●甜味果汁（cordial）
在萊姆等的果汁之中加入甜味製成的甜味果汁飲料（P.149）。

●蛋酒類型　→P.43

●通寧水
在碳酸水中加入從香草類和柑橘類果皮萃取出的精華，再加入糖分，調整而成的碳酸飲料。

●雪莉酒
在西班牙南部安達魯西亞地區的都市赫雷斯周邊所生產的強化葡萄酒。英文名稱是「Sherry」，西班牙文是「Vino de Xérès（也能只稱「Xérès」）」。

●單份（single）
這是表示酒分量的單位，「單份＝30ml」。「1盎司」、「1指」、「1 shot」也大致上都是相同的分量（→雙份）。

●普施咖啡
將好幾種烈酒和香甜酒等材料層層相疊的雞尾酒類型之一，不要混合在一起。

●琴酒
以玉米和麥芽等穀物為原料，在無色透明的蒸餾酒當中，加入藥草和香草等增添香氣的酒。尤其以杜松子的香氣為特色。1660年，由荷蘭的醫師研發出的琴酒，當時是作為藥酒販售。而後琴酒傳至英國，沒有特殊異味的辛口「乾型琴酒」就此誕生。如今琴酒有味道濃厚的「荷蘭類型」和柑橘類清爽香味的「英國類型（乾型琴酒）」等，但是調製雞尾酒時一般是使用後者。

●短飲型雞尾酒
倒入雞尾酒杯中，趁冰涼時在短時間內飲用的雞尾酒，統稱為「短飲型雞尾酒」。

●紫羅蘭香甜酒
指的是「完美愛情（Parfait d'Amour）」紫羅蘭香甜酒（P.148）。

●費士類型　→P.43

●量酒器
在調製雞尾酒時不可欠缺的，計量液體材料的器具。一般使用的是，大小各為45mℓ和30mℓ的杯子，背部結合為一體的量酒器（P.220）。

●開塞鑽
將葡萄酒瓶的軟木塞拔出的工具。除了摺疊式的侍酒刀之外，還有很多類型。

●雅馬邑白蘭地
在法國西南部的雅馬邑地區生產的白蘭地。與「干邑白蘭地」齊名，是法國兩大名酒之一。

●愛爾蘭威士忌
在愛爾蘭生產的威士忌。沒有以泥炭烘焙所帶來的泥炭香氣，特色是以大麥麥芽、裸麥、小麥等為原料製造出爽快純淨的味道。

●搖盪法　→P.226

●搗棒
在搗壓酒杯中的薄荷葉或水果時所使用的棒狀器具。材質有塑膠製、木製、不鏽鋼製（P.221）。

●瑞奇類型　→P.43

●碎冰機
把冰塊攪碎，製作成碎冰的冰塊粉碎機。有手動式和電動式的機型（P.221）。

●碎冰
攪碎成小顆粒狀的冰。如果沒有碎冰機的話，可以用毛巾包住冰塊，再以鐵鎚敲碎冰塊製作碎冰。

●葡萄酒
以葡萄汁作為主要原料的釀造酒。若以製造方法分類的話，可分為「紅葡萄酒、白葡萄酒、粉紅葡萄酒」等不具有氣泡的「靜態葡萄酒」，以香檳為代表的「氣泡葡萄酒」，以香艾酒為代表的「加味葡萄酒」，在發酵中途或發酵之後添加了白蘭地等酒精的「強化葡萄酒」（P.144）。

●電動攪拌機
又稱為「酒吧攪拌機」、「果汁機」。這是製作「霜凍類型」雞尾酒時所需的電動器具（P.221）。

●滴（drop）
分量的單位。1 drop就是從苦精瓶中倒出1滴份。

●漂浮法（float）
float是「漂浮」的意思，這是使2種比重不同的液體倒入酒杯中時不要混合在一起的長飲型雞尾酒類型之一（P.229）。

●瑪拉斯奇諾櫻桃酒
以瑪拉斯卡（Marasca）品種的櫻桃為原料所製成的果實類香甜酒。

●瑪拉斯奇諾櫻桃
櫻桃去籽之後，浸泡在瑪拉斯奇諾櫻桃酒（一種香甜酒）之中染色而成。用來作為雞尾酒的裝飾物，有紅色的「紅櫻桃」和綠色的「綠櫻桃」。

●睡前酒
在就寢之前飲用的酒。

●蒸餾酒
將釀造酒再經過蒸餾，提高酒精濃度製成的酒。一般是用來稱呼「烈酒」。琴酒、伏特加、蘭姆酒、龍舌蘭、威士忌、白蘭地、燒酎等都屬於這類。

●裸麥威士忌
以裸麥為主要原料的威士忌。

●酷樂類型　→P.42

●熱帶雞尾酒
使用蘭姆酒或龍舌蘭等蒸餾酒，以及鳳梨或柳橙等熱帶地區特產的水果或果汁調製而成的南國風味雞尾酒，此種雞尾酒的總稱就是熱帶雞尾酒。

●橄欖
有將果實鹽漬而成的「綠橄欖」，去籽之後填入紅甜椒的「紅心橄欖」，黑色的「黑橄欖」等。作為雞尾酒的裝飾物附上的橄欖，也能當做佐酒小吃享用。

●醒酒水（chaser）
喝下酒精濃度高的酒之後，為了清除口腔裡的味道而飲用的水或碳酸水。

●靜態葡萄酒（Still Wine）
Still是「靜止的」的意思，指的是不起泡的葡萄酒。大部分的葡萄酒屬於這類型，如果要用來調製雞尾酒，請選用口感輕盈的類型。

●餐前酒
英文是「appetizer」。法文是「apéritif」。在用餐前為了促進食慾之類的目的而品飲的酒。

●餐後雞尾酒
英文是「After Dinner Cocktail」。法文則是「digestif」。以餐後甜點的感覺來品飲的酒。

●龍舌蘭
以形似蘆薈的一種龍舌蘭植物「藍色龍舌蘭」為原料，原產於墨西哥的蒸餾酒。只有在墨西哥的哈利斯科州及其周邊特定地區所生產的龍舌蘭酒才准許冠以「Tequila」之名。依照在木桶中熟成的時間有不同的等級，0～未滿2個月者稱為「白色（Blanco）」或「銀色（Sliver／Plata）」，熟成期間為2個月～未滿1年者稱為「休息過（Reposado）」，1～未滿3年者稱為「陳年（Añejo）」，3年以上者稱為「超陳年（Extra Añejo）」（P.141）。

●戴茲類型　→P.43

●薑汁汽水
添加了生薑香味的碳酸飲料。

●霜凍類型　→P.43

●雙份（double）
表示酒分量的單位，單份（30mℓ）的雙倍「60mℓ」。「兩指」也大致上是相同的分量（→單份）。

●雞尾酒派對
以品嘗雞尾酒為主，採立食形式的派對。

●藥草類香甜酒
以金巴利香甜酒和夏翠絲香甜酒為代表，用藥草．香草類為原料製成的香甜酒。有的香甜酒是中世紀的修道院調製出來作為藥酒用的，據說這是所有香甜酒的原形。有許多歷史悠久的重要香甜酒（P.148）。

●蘇打
含有碳酸氣體的水（又稱為蘇打水、碳酸水）。一般常見的是沒有調味的「原味蘇打」。

●蘇格蘭威士忌
在英國蘇格蘭地區所生產的威士忌的總稱。大致上可區分成只以大麥麥芽為原料的「麥芽威士忌」，以玉米、裸麥等為原料的「穀物威士忌」、以麥芽威士忌和穀物威士忌混合而成的「調合威士忌」。

●櫻桃白蘭地
在日本和英國對於「櫻桃香甜酒」的總稱。

●蘭姆酒
以甘蔗的糖蜜或是榨汁為原料所製成的蒸餾酒。根據製法可以區分成3類，以在製作砂糖時去除的糖蜜為原料製作而成的「傳統型蘭姆酒（Traditional）」為主流。還有以100%甘蔗汁為原料的「農業型蘭姆酒（Agricole）」，以及以100%甘蔗汁經糖漿化之後的原料製作的「高級糖蜜蘭姆酒（High Test Molasses）」。此外，未經木桶熟成、無色透明的蘭姆酒稱為「白蘭姆酒」，木桶熟成不滿3年的稱為「金蘭姆酒」，熟成3年以上的稱為「黑蘭姆酒」（P.140）。

●霸克類型　→P.42

●釀造酒
原料只經過發酵就飲用的酒。特色是酒精濃度低，約20度以下。葡萄酒、啤酒、日本酒等都屬於這類。

●鹽口杯／糖口杯
以檸檬等抹濕酒杯的杯緣，然後沾上鹽或砂糖的雞尾酒技法（P.229）。

協力廠商一覽表

[攝影協力]
◉東洋佐佐木 GLASS 股份有限公司
東京都中央区日本橋馬喰町 2-1-3
☎ 03-3663-1140

[照片協力]
◉朝日啤酒股份有限公司
☎ 0120-011-121（顧客諮詢室）

◉ Whisk-e 股份有限公司
☎ 03-3863-1501

◉麒麟啤酒股份有限公司
☎ 0120-111-560（顧客諮詢室）

◉三得利股份有限公司
☎ 0120-139-310（客服中心）

◉ Japan Import System 股份有限公司
☎ 03-3516-0311

◉帝亞吉歐 日本股份有限公司
☎ 0120-014-969（客服中心）

◉百加得 日本股份有限公司
☎ 03-5843-0660

◉保樂力加 日本股份有限公司
☎ 03-5802-2756（顧客諮詢室）

◉ UNION LIQUORS 股份有限公司
☎ 03-5510-2684

◉人頭馬君度 日本股份有限公司
☎ 03-6441-3025

◉ CT Spirits Japan 股份有限公司
☎ 03-5856-5815

◉ MHD 酩悅軒尼詩帝亞吉歐股份有限公司
☎ 03-5217-9731

一目了然

雞尾酒材料一覽表

※表格內的數字未標示單位者皆為「mℓ」。

■分類
▼＝短飲型／□＝長飲型

■基酒
G＝乾型琴酒／V＝伏特加／R＝蘭姆酒／T＝龍舌蘭
W＝威士忌／B＝白蘭地／L＝香甜酒／葡＝葡萄酒
啤＝啤酒／—＝無酒精雞尾酒

琴酒雞尾酒

雞尾酒名	分類	技法	基酒	香甜酒、酒類
地震	▼	搖盪法	G20	W20／保樂茴香香甜酒20
典範	▼	搖盪法	G40	D香艾酒20／瑪拉斯奇諾櫻桃酒3dashes
青色珊瑚礁	▼	搖盪法	G40	G薄荷20
飛行	▼	搖盪法	G45	瑪拉斯奇諾櫻桃酒1tsp
修道院	▼	搖盪法	G40	—
開胃酒	▼	搖盪法	G30	多寶力香甜酒15
環遊世界	▼	搖盪法	G40	G薄荷10
阿拉斯加	▼	搖盪法	G45	夏翠絲（J）15
亞歷山大姊姊	▼	搖盪法	G30	G薄荷15
亞洲之道	□	攪拌法	G40	紫羅蘭L20
翡翠酷樂	□	搖盪法	G30	G薄荷15
柳橙費士	□	搖盪法	G45	—
橙花	▼	搖盪法	G40	—
賭城	▼	攪拌法	G60	瑪拉斯奇諾櫻桃酒2dashes
卡羅素	▼	攪拌法	G30	D香艾酒15／G薄荷15
奇異果馬丁尼	▼	搖盪法	G45	—
黑夜之吻	▼	搖盪法	G30	櫻桃B30／D香艾酒1tsp
吉普森	▼	攪拌法	G50	D香艾酒10
琴蕾	▼	搖盪法	G45	—
克拉里奇	▼	搖盪法	G20	D香艾酒20／杏桃B10／君度橙酒10
綠色阿拉斯加	▼	搖盪法	G45	夏翠絲（V）15
三葉草俱樂部	▼	搖盪法	G36	—
金色螺絲	□	直調法	G40	—
黃金費士	□	搖盪法	G45	—
莎莎	▼	攪拌法	G30	多寶力香甜酒30
藍鑽冰飲	▼	搖盪法	G25	君度橙酒15／B庫拉索酒1tsp
詹姆士龐德馬丁尼	▼	搖盪法	G40	V10／白麗葉酒10
城市珊瑚	▼	搖盪法	G20	哈密瓜L20／B庫拉索酒1tsp
銀色費士	□	搖盪法	G45	—
琴蘋果	□	直調法	G30～45	—
義式琴酒	▼	直調法	G30	S香艾酒30
琴酒雞尾酒	▼	攪拌法	G60	—
琴沙瓦	▼	搖盪法	G45	—
琴司令	□	直調法	G45	—
琴戴茲	□	直調法	G45	—
琴通寧	□	直調法	G45	—
琴霸克	□	直調法	G45	—
琴苦酒	□	直調法	G60	—
琴費士	□	直調法	G45	—
琴費克斯	□	直調法	G45	—
琴萊姆	□	直調法	G45	—
琴瑞奇	□	直調法	G45	—
新加坡司令	□	搖盪法	G45	櫻桃B20
草莓馬丁尼	▼	搖盪法	G45	—
春之歌劇	▼	搖盪法	G40	櫻花香甜酒10／水蜜桃L10
春意盎然	▼	搖盪法	G30	夏翠絲（V）15
煙燻馬丁尼	▼	攪拌法	G50	麥芽威士忌10
第七天堂	▼	搖盪法	G48	瑪拉斯奇諾櫻桃酒12
坦奎瑞之森	▼	搖盪法	G20	哈密瓜L10
探戈	▼	搖盪法	G24	D香艾酒12／S香艾酒12／O庫拉索酒12
德州費士	□	搖盪法	G45	—
湯姆可林斯	□	搖盪法	G45	—

■香甜酒、酒類　杏桃B＝杏桃白蘭地／櫻桃B＝櫻桃白蘭地／G薄荷＝綠薄荷香甜酒／W薄荷＝白薄荷香甜酒／B庫拉索酒＝藍庫拉索酒／O庫拉索酒＝橘庫拉索酒／W庫拉索酒＝白庫拉索酒／C黑醋栗＝黑醋栗香甜酒／夏翠絲（J）＝夏翠絲黃寶香甜酒／夏翠絲（V）＝夏翠絲綠寶香甜酒／D香艾酒＝不甜香艾酒／S香艾酒＝甜香艾酒

■甜味類、增添香氣、其他　G糖漿＝紅石榴糖漿／S糖漿＝純糖漿／A苦精＝安格仕苦精／O苦精＝柑橘苦精／M櫻桃＝瑪拉斯奇諾櫻桃

果汁類	甜味類、增添香氣	碳酸類	其他	度數	口感	頁數
—	—	—	—	40	辛	56
葡萄柚1tsp	—	—	—	30	中	57
—	—	—	檸檬（潤杯用）／M櫻桃／薄荷葉	33	中	57
檸檬15	—	—	—	30	辛	57
柳橙20	O苦精1dash	—	M櫻桃	28	中	58
柳橙15	—	—	—	24	中	58
鳳梨10	—	—	綠櫻桃	30	中	58
—	—	—	—	40	中	59
—	—	—	鮮奶油15	25	甘	59
—	—	—	檸檬皮少許	30	中	60
檸檬15	S糖漿1tsp	蘇打水適量	M櫻桃	7	中	60
柳橙20／檸檬15	S糖漿1tsp	蘇打水適量	—	14	中	60
柳橙20	—	—	—	24	中	61
檸檬2dashes	O苦精2dashes	—	橄欖	40	辛	61
—	—	—	—	29	中	61
—	S糖漿½～1tsp	—	奇異果½個	25	中	62
—	—	—	—	39	中	62
—	—	—	珍珠洋蔥	36	辛	62
萊姆（萊姆糖漿）15	—	—	—	30	中	63
—	—	—	—	28	中	63
—	—	—	—	39	辛	63
萊姆（檸檬）12	G糖漿12	—	蛋白1個	17	中	64
柳橙100～120	A苦精1dash	—	S柳橙	10	中	64
檸檬20	S糖漿1～2tsp	蘇打水適量	蛋黃1個	12	中	64
—	A苦精1dash	—	—	27	中	65
葡萄柚15	—	—	檸檬皮	39	中	65
—	—	—	檸檬皮	36	辛	65
葡萄柚20	—	通寧水適量	—	9	中	66
檸檬20	S糖漿1～2tsp	蘇打水適量	蛋白1個	12	中	66
蘋果適量	—	—	—	15	中	67
—	—	—	—	36	中	67
—	O苦精2dashes	—	檸檬皮	40	辛	67
檸檬20	S糖漿1tsp	—	M櫻桃／S檸檬	24	中	68
—	砂糖1tsp	冷水（蘇打水）適量	—	14	中	68
檸檬20	G糖漿2tsp	—	S檸檬／薄荷葉	22	中	68
—	—	通寧水適量	萊姆角（檸檬角）	14	中	69
檸檬20	—	薑汁汽水適量	S檸檬	14	中	69
—	A苦精2～3dashes	—	—	40	辛	69
檸檬20	S糖漿1～2tsp	蘇打水適量	檸檬角／M櫻桃	14	中	70
檸檬20	S糖漿2tsp	—	S萊姆	28	中	70
萊姆（萊姆糖漿）15	—	—	—	30	中	70
—	—	蘇打水適量	新鮮萊姆½個	14	辛	71
檸檬20	—	蘇打水適量	S檸檬／S柳橙／M櫻桃	17	中	71
—	S糖漿½～1tsp	—	新鮮草莓3～4個	25	中	71
檸檬1tsp／柳橙2tsp	—	—	綠櫻桃	32	中	72
檸檬15	—	—	—	32	中	72
—	—	—	檸檬皮	40	辛	73
葡萄柚1tsp	—	—	綠櫻桃	38	中	73
葡萄柚25／檸檬5	A苦精1dash	—	薄荷葉	16	中	73
柳橙2dashes	—	—	—	27	中	74
柳橙20	砂糖（S糖漿）1～2tsp	蘇打水適量	S萊姆／綠櫻桃	14	中	74
檸檬20	S糖漿1～2tsp	蘇打水適量	S檸檬／M櫻桃	16	中	74

	雞尾酒名	分類	技法	基酒	香甜酒、酒類
琴酒雞尾酒	尼基費士	□	搖盪法	G30	—
	忍者龜	□	直調法	G45	B庫拉索酒15
	內格羅尼	□	直調法	G30	金巴利30／S香艾酒30
	擊倒	▼	搖盪法	G20	D香艾酒20／保樂茴香香甜酒20／W薄荷1tsp
	調酒師	▼	攪拌法	G15	D雪利酒15／D香艾酒15／多寶力15／柑曼怡1tsp
	百慕達玫瑰	▼	搖盪法	G40	杏桃B20
	樂園	▼	搖盪法	G30	杏桃B15
	巴黎人	▼	搖盪法	G20	D香艾酒20／C黑醋栗20
	夏威夷人	▼	搖盪法	G30	O庫拉索酒1tsp
	寶石	▼	攪拌法	G20	S香艾酒20／夏翠絲（V）20／O苦精1dash
	純愛	□	搖盪法	G30	覆盆子L15
	美人痣	▼	搖盪法	G30	D香艾酒15／S香艾酒15
	粉紅琴酒	▼	攪拌法	G60	—
	粉紅佳人	▼	搖盪法	G45	—
	血腥山姆	□	直調法	G45	—
	瑪麗公主	▼	搖盪法	G20	可可L（白）20
	藍月	▼	搖盪法	G30	紫羅蘭L15
	鬥牛犬高球	□	直調法	G45	—
	法式75	□	搖盪法	G45	—
	布朗克斯	▼	搖盪法	G30	D香艾酒10／S香艾酒10
	檀香山	▼	搖盪法	G60	—
	白色之翼	▼	搖盪法	G40	W薄荷20
	白百合	▼	攪拌法	G20	蘭姆酒（白）20／W庫拉索酒20／保樂茴香香甜酒1dash
	白色佳人	▼	搖盪法	G30	君度橙酒15
	白玫瑰	▼	搖盪法	G45	瑪拉斯奇諾櫻桃酒15
	木蘭花開	▼	搖盪法	G30	—
	馬丁尼	▼	攪拌法	G45	D香艾酒15
	馬丁尼（甜）	▼	攪拌法	G40	S香艾酒20
	馬丁尼（不甜）	▼	攪拌法	G48	D香艾酒12
	馬丁尼（半甜）	▼	攪拌法	G40	D香艾酒10／S香艾酒10
	馬丁尼加冰塊	□	攪拌法	G45	D香艾酒15
	牽線木偶	▼	搖盪法	G20	阿瑪雷托10
	百萬美元	▼	搖盪法	G45	S香艾酒15
	風流寡婦	▼	攪拌法	G30	D香艾酒30／廊酒1dash／保樂茴香香甜酒1dash
	哈密瓜特調	▼	搖盪法	G30	哈密瓜L15
	橫濱	▼	搖盪法	G20	V10／保樂茴香香甜酒1dash
	淑女80	▼	搖盪法	G30	杏桃B15
	皇家費士	□	搖盪法	G45	—
	長島冰茶	□	直調法	G15	V15／R（W）15／T15／W庫拉索酒2tsp
伏特加雞尾酒	安傑羅	▼	搖盪法	V30	加利安諾10／南方安逸10
	東方之翼	▼	搖盪法	V40	櫻桃B15／金巴利5
	印象	▼	搖盪法	V20	水蜜桃L10／杏桃B10
	大溪地女郎	▼	搖盪法	V30	櫻桃B45
	伏特加冰山	□	直調法	V60	保樂茴香香甜酒1dash
	伏特加蘋果	□	直調法	V30～45	—
	伏特加蜜多麗	□	直調法	V45	蜜多麗（哈密瓜L）15
	伏特加吉普森	▼	攪拌法	V50	D香艾酒10
	伏特加琴蕾	▼	搖盪法	V45	—
	伏特加蘇打	□	直調法	V45	—
	伏特加通寧	□	直調法	V45	—
	伏特加馬丁尼	▼	攪拌法	V45	D香艾酒15
	伏特加萊姆	□	直調法	V45	—
	伏特加瑞奇	□	直調法	V45	—
	凱皮洛斯卡	□	直調法	V30～45	—
	神風特攻隊	□	搖盪法	V45	W庫拉索酒1tsp
	墨西哥灣流	□	搖盪法	V15	水蜜桃L15／B庫拉索酒1tsp
	火之吻	▼	搖盪法	V20	黑刺李琴酒20／D香艾酒20
	大獎	▼	搖盪法	V30	D香艾酒25／君度橙酒5

果汁類	甜味類、增添香氣	碳酸類	其他	度數	口感	頁數
葡萄柚30	S糖漿1tsp	蘇打水適量	S檸檬	10	中	75
柳橙適量	—	—	S檸檬	14	中	75
—	—	—	S柳橙	25	中	75
—	—	—	—	30	辛	76
—	—	—	—	22	中	76
—	G糖漿2dashes	—	—	35	中	76
柳橙15	—	—	—	25	中	77
—	—	—	—	24	中	77
柳橙30	—	—	—	20	中	77
—	—	—	M櫻桃／檸檬皮	33	中	78
萊姆15	—	薑汁汽水適量	S萊姆	5	中	78
柳橙1tsp	G糖漿½tsp	—	—	26	中	78
—	A苦精2～3dashes	—	—	40	辛	79
檸檬1tsp	G糖漿20	—	蛋白1個	20	中	79
番茄適量	—	—	檸檬角	12	辛	79
—	—	—	鮮奶油20	20	甘	80
檸檬15	—	—	—	30	中	80
柳橙30	—	薑汁汽水適量	—	14	中	80
檸檬20	砂糖1tsp	香檳適量	—	18	中	81
柳橙10	—	—	—	25	中	81
柳橙1tsp／鳳梨1tsp／檸檬1tsp	S糖漿1tsp／A苦精1dash	—	鳳梨角／M櫻桃	35	中	81
—	—	—	—	32	中	82
—	—	—	—	35	中	82
檸檬15	—	—	—	29	中	82
柳橙15／檸檬15	—	—	蛋白1個	20	中	83
檸檬15	G糖漿1dash	—	鮮奶油15	20	中	83
—	—	—	檸檬皮／橄欖	34	辛	83
—	—	—	M櫻桃	32	中	84
—	—	—	檸檬皮／橄欖	35	辛	84
—	—	—	橄欖	30	中	84
—	—	—	橄欖／檸檬皮	35	辛	85
葡萄柚30	G糖漿1tsp	—	柳橙皮	22	中	85
鳳梨15	G糖漿1tsp	—	蛋白1個	18	中	85
—	A苦精1dash	—	檸檬皮	25	辛	86
萊姆15	O苦精1dash	—	綠櫻桃／檸檬皮	24	中	86
柳橙20	G糖漿10	—	—	18	中	86
鳳梨15	G糖漿2tsp	—	—	26	甘	87
檸檬15	S糖漿2tsp	蘇打水適量	蛋（小）1個	12	中	87
檸檬30	S糖漿1tsp	可樂40	S檸檬／S萊姆／M櫻桃	19	中	87
柳橙45／鳳梨45	—	—	—	12	中	88
—	—	—	—	22	中	89
蘋果20	—	—	—	27	中	89
鳳梨60／檸檬10	—	—	椰奶20／鳳梨角	20	中	89
—	—	—	—	38	辛	90
蘋果適量	—	—	S萊姆	15	中	90
—	—	—	—	30	甘	90
—	—	—	珍珠洋蔥	30	辛	91
萊姆15	S糖漿1tsp	—	—	30	中	91
—	—	蘇打水適量	S檸檬	14	辛	91
—	—	通寧水適量	S檸檬	14	中	92
—	—	—	橄欖／檸檬皮	31	辛	92
萊姆（萊姆糖漿）15	—	—	—	30	中	92
新鮮萊姆½個	—	蘇打水適量	—	14	辛	93
萊姆½～1個	砂糖（S糖漿）1～2tsp	—	—	28	中	93
萊姆15	—	—	—	27	辛	93
葡萄柚20／鳳梨5	—	—	—	19	中	94
檸檬2dashes	—	—	砂糖（糖口杯）	26	中	94
檸檬1tsp	G糖漿1tsp	—	—	28	中	95

	雞尾酒名	分類	技法	基酒	香甜酒、酒類
伏特加雞尾酒	綠色幻想曲	▼	搖盪法	V25	D香艾酒25／哈密瓜L10
伏特加雞尾酒	灰狗	□	直調法	V45	—
伏特加雞尾酒	鱈魚角	□	搖盪法	V45	—
伏特加雞尾酒	哥薩克騎兵	▼	搖盪法	V24	B24
伏特加雞尾酒	四海一家	▼	搖盪法	V30	W庫拉索酒10
伏特加雞尾酒	教母	□	直調法	V45	阿瑪雷托15
伏特加雞尾酒	殖民地	▼	搖盪法	V20	南方安逸20
伏特加雞尾酒	海上微風	□	直調法	V30	—
伏特加雞尾酒	吉普賽	▼	搖盪法	V48	廊酒12
伏特加雞尾酒	螺絲起子	□	直調法	V45	—
伏特加雞尾酒	大榔頭	▼	搖盪法	V50	—
伏特加雞尾酒	性感海灘	□	直調法	V15	哈密瓜L20／覆盆子L10
伏特加雞尾酒	鹹狗	□	直調法	V45	—
伏特加雞尾酒	奇奇	□	搖盪法	V30	—
伏特加雞尾酒	皇后	▼	攪拌法	V30	D香艾酒15／杏桃B15
伏特加雞尾酒	小憩片刻	▼	搖盪法	V30	夏翠絲（V）15
伏特加雞尾酒	芭芭拉	▼	搖盪法	V30	可可L（白）15
伏特加雞尾酒	哈維撞牆	□	直調法	V45	加利安諾2tsp
伏特加雞尾酒	巴卡拉	▼	搖盪法	V30	T15／W庫拉索酒15／B庫拉索酒1tsp
伏特加雞尾酒	巴拉萊卡	▼	搖盪法	V30	W庫拉索酒15
伏特加雞尾酒	放克蚱蜢	▼	攪拌法	V20	G薄荷20／可可L（白）20
伏特加雞尾酒	黑色俄羅斯	□	直調法	V40	咖啡L20
伏特加雞尾酒	血腥公牛	□	直調法	V45	—
伏特加雞尾酒	血腥瑪麗	□	直調法	V45	—
伏特加雞尾酒	李子廣場	▼	搖盪法	V40	黑刺李琴酒10
伏特加雞尾酒	覆盆子沙瓦	▼	搖盪法	V30	覆盆子L15／B庫拉索酒1dash
伏特加雞尾酒	公牛子彈	□	直調法	V45	—
伏特加雞尾酒	藍色珊瑚礁	▼	搖盪法	V30	B庫拉索酒20
伏特加雞尾酒	窩瓦河	▼	搖盪法	V40	—
伏特加雞尾酒	窩瓦河船夫	▼	搖盪法	V20	櫻桃B20
伏特加雞尾酒	白蜘蛛	▼	搖盪法	V40	W薄荷20
伏特加雞尾酒	白色俄羅斯	□	直調法	V40	咖啡L20
伏特加雞尾酒	莫斯科騾子	□	直調法	V45	—
伏特加雞尾酒	雪國	▼	搖盪法	V40	W庫拉索酒20
伏特加雞尾酒	俄羅斯	▼	搖盪法	V20	G20／可可L（白）20
伏特加雞尾酒	路跑者	▼	搖盪法	V30	阿瑪雷托15
伏特加雞尾酒	羅貝塔	▼	搖盪法	V20	D香艾酒20／櫻桃B20／金巴利1dash／香蕉L1dash
蘭姆酒雞尾酒	X.Y.Z.	▼	搖盪法	R（W）30	W庫拉索酒15
蘭姆酒雞尾酒	大總統	▼	攪拌法	R（W）30	D香艾酒15／O庫拉索酒15
蘭姆酒雞尾酒	自由古巴	□	直調法	R（W）45	—
蘭姆酒雞尾酒	古巴	▼	搖盪法	R（W）35	杏桃B15
蘭姆酒雞尾酒	京斯頓	▼	搖盪法	R（J）30	W庫拉索酒15
蘭姆酒雞尾酒	綠眼	▼	攪打法	R（G）30	哈密瓜L25
蘭姆酒雞尾酒	格羅格	□	直調法	R（D）45	—
蘭姆酒雞尾酒	珊瑚	▼	搖盪法	R（W）30	杏桃B10
蘭姆酒雞尾酒	金色友人	□	搖盪法	R（D）20	阿瑪雷托20
蘭姆酒雞尾酒	牙買加小子	▼	搖盪法	R（W）20	蒂亞瑪麗亞（咖啡L）20／蛋黃酒20
蘭姆酒雞尾酒	上海	▼	搖盪法	R（J）30	保樂茴香香甜酒10
蘭姆酒雞尾酒	高空跳傘	▼	搖盪法	R（W）30	B庫拉索酒20
蘭姆酒雞尾酒	天蠍座	□	搖盪法	R（W）45	B30
蘭姆酒雞尾酒	回音	▼	搖盪法	R（W）30	蘋果B30／杏桃B2dashes
蘭姆酒雞尾酒	殭屍	□	搖盪法	R（W）20	R（G）20／R（D）20／杏桃B10
蘭姆酒雞尾酒	黛綺莉	▼	搖盪法	R（W）45	—
蘭姆酒雞尾酒	中國人	▼	搖盪法	R（W）60	O庫拉索酒2dashes／瑪拉斯奇諾櫻桃酒2dashes
蘭姆酒雞尾酒	內華達	▼	搖盪法	R（W）36	—
蘭姆酒雞尾酒	鳳梨費士	□	搖盪法	R（W）45	—
蘭姆酒雞尾酒	百加得	▼	搖盪法	百加得R（W）45	—
蘭姆酒雞尾酒	哈瓦那海灘	▼	搖盪法	R（W）30	—

R（W）＝白蘭姆酒　R（G）＝金蘭姆酒　R（D）＝黑蘭姆酒　R（J）＝牙買加蘭姆酒

果汁類	甜味類、增添香氣	碳酸類	其他	度數	口感	頁數
萊姆1tsp	—	—	—	25	中	95
葡萄柚適量	—	—	—	13	中	95
蔓越莓45	—	—	—	20	中	96
萊姆12	S糖漿1tsp	—	—	30	辛	96
蔓越莓10／萊姆10	—	—	—	22	中	96
—	—	—	—	34	中	97
萊姆20	—	—	—	22	中	97
葡萄柚60／蔓越莓60	—	—	—	8	中	97
—	A苦精1dash	—	—	35	中	98
柳橙適量	—	—	S柳橙	15	中	98
萊姆（萊姆糖漿）10	—	—	—	33	辛	98
鳳梨80	—	—	—	10	中	99
葡萄柚適量	—	—	鹽（鹽口杯）	13	中	99
鳳梨80	—	—	椰奶45／鳳梨角／S柳橙	7	中	99
—	A苦精1dash	—	—	27	中	100
萊姆15	—	—	—	25	辛	100
—	—	—	鮮奶油15	25	中	100
柳橙適量	—	—	S柳橙	15	中	101
檸檬1tsp	—	—	—	33	中	101
檸檬15	—	—	—	25	中	101
—	—	—	—	20	中	102
—	—	—	—	32	中	102
檸檬15／番茄適量	—	—	牛肉清湯適量／檸檬角／小黃瓜棒	12	辛	102
番茄適量	—	—	檸檬角／西洋芹棒	12	辛	103
萊姆10	—	—	—	28	中	103
萊姆15	—	—	—	12	中	103
—	—	—	牛肉清湯適量／S萊姆	15	中	104
檸檬20	—	—	S柳橙／M櫻桃	22	中	104
萊姆10／柳橙10	O苦精1dash／G糖漿2dashes	—	—	25	中	104
柳橙20	—	—	—	18	甘	105
—	—	—	—	32	中	105
—	—	—	鮮奶油適量	25	甘	105
萊姆15	—	薑汁汽水適量	萊姆角	12	中	106
萊姆（萊姆糖漿）2tsp	—	—	砂糖（糖口杯）／綠櫻桃	30	中	106
—	—	—	—	33	中	107
—	—	—	椰奶15／肉荳蔻	25	甘	107
—	—	—	—	24	中	107
檸檬15	—	—	—	26	中	108
—	G糖漿1dash	—	—	30	中	109
萊姆10	—	可樂適量	S萊姆	12	中	109
萊姆10	G糖漿2tsp	—	—	20	中	109
檸檬15	G糖漿1dash	—	—	23	中	110
鳳梨45／萊姆15	—	—	椰奶15／S萊姆	11	中	110
檸檬15	方糖1個	—	肉桂棒／丁香	9	中	111
葡萄柚10／檸檬10	—	—	—	24	中	111
檸檬20	—	可樂適量	S檸檬	15	中	111
—	G糖漿1tsp	—	—	25	甘	112
檸檬20	G糖漿2dashes	—	—	20	中	112
萊姆10	—	—	—	20	中	113
柳橙20／檸檬20／萊姆（萊姆糖漿）15	—	—	S柳橙／M櫻桃	25	中	113
檸檬1dash	—	—	—	33	辛	113
柳橙15／鳳梨15／檸檬10	G糖漿5	—	S柳橙	19	中	114
萊姆15	S糖漿1tsp	—	—	24	中	114
—	G糖漿2dashes／A苦精1dash	—	檸檬皮／M櫻桃	38	中	115
萊姆12／葡萄柚12	砂糖（S糖漿）1tsp／A苦精1dash	—	—	23	中	115
鳳梨20	S糖漿1tsp	蘇打水適量	—	15	中	115
萊姆15	G糖漿1tsp	—	—	28	中	116
鳳梨30	S糖漿1tsp	—	—	17	甘	116

	雞尾酒名	分類	技法	基酒	香甜酒、酒類
蘭姆酒雞尾酒	巴哈馬	▼	搖盪法	R（W）20	南方安逸20／香蕉L1dash
	鳳梨可樂達	□	搖盪法	R（W）30	—
	銀髮女郎	▼	搖盪法	R（W）20	W庫拉索酒20
	莊園主雞尾酒	▼	搖盪法	R（W）30	—
	莊園主賓治	□	搖盪法	R（J）60	W庫拉索酒30
	藍色夏威夷	□	搖盪法	R（W）30	B庫拉索酒15
	霜凍草莓黛綺莉	▼	攪打法	R（W）30	W庫拉索酒1tsp
	霜凍黛綺莉	▼	攪打法	R（W）40	—
	霜凍香蕉黛綺莉	▼	攪打法	R（W）30	香蕉L10
	波士頓酷樂	□	搖盪法	R（W）45	—
	奶油熱蘭姆酒	□	直調法	R（D）45	—
	邁阿密	▼	搖盪法	R（W）40	W薄荷20
	邁泰	□	搖盪法	R（W）45	O庫拉索酒1tsp／R（D）2tsp
	百萬富翁	▼	搖盪法	R（W）15	黑刺李琴酒15／杏桃B15
	瑪莉碧克馥	▼	搖盪法	R（W）30	瑪拉斯奇諾櫻桃酒1dash
	莫西多	□	直調法	R（G）45	—
	蘭姆鳳梨	□	直調法	R（D）45	—
	蘭姆卡琵莉亞	□	直調法	R（W）45	—
	蘭姆酷樂	□	搖盪法	R（W）45	—
	蘭姆可樂	□	直調法	R30～45	—
	蘭姆可林斯	□	搖盪法	R（D）45	—
	蘭姆茱莉普	□	直調法	R（W）30	R（D）30
	蘭姆蘇打	□	直調法	R（D）45	—
	蘭姆通寧	□	直調法	R（G）45	—
	小公主	▼	攪拌法	R（W）30	S香艾酒30
龍舌蘭雞尾酒	破冰船	□	搖盪法	T24	W庫拉索酒12
	大使	□	直調法	T45	—
	長青樹	□	搖盪法	T30	G薄荷15／加利安諾10
	惡魔	□	直調法	T30	C黑醋栗15
	柑橘瑪格麗特	▼	搖盪法	T30	柑曼怡（O庫拉索酒）15
	科科瓦多	□	搖盪法	T30	吉寶蜂蜜香甜酒30／B庫拉索酒30
	伯爵夫人	▼	搖盪法	T30	荔枝L10
	仙客來	▼	搖盪法	T30	君度橙酒10
	玻璃絲襪	▼	搖盪法	T30	可可L（白）15
	草帽	□	直調法	T45	—
	黑刺李龍舌蘭	□	搖盪法	T30	黑刺李琴酒15
	龍舌蘭葡萄柚	□	直調法	T45	—
	龍舌蘭日落	▼	攪打法	T30	—
	龍舌蘭日出	□	直調法	T45	—
	龍舌蘭馬丁尼	▼	攪拌法	T48	D香艾酒12
	龍舌蘭曼哈頓	▼	攪拌法	T45	S香艾酒15
	龍舌蘭通寧	□	直調法	T45	—
	騎馬鬥牛士	▼	攪拌法	T30	咖啡L30
	猛牛	□	直調法	T40	咖啡L20
	法國仙人掌	□	直調法	T40	君度橙酒20
	霜凍藍色瑪格麗特	▼	攪打法	T30	B庫拉索酒15
	霜凍瑪格麗特	▼	攪打法	T30	君度橙酒15
	百老匯渴望	▼	搖盪法	T30	—
	鬥牛士	□	搖盪法	T30	—
	瑪麗亞泰瑞莎	▼	搖盪法	T40	—
	瑪格麗特	▼	搖盪法	T30	W庫拉索酒15
	墨西哥人	▼	搖盪法	T30	—
	墨西哥玫瑰	▼	搖盪法	T36	C黑醋栗12
	哈密瓜瑪格麗特	▼	搖盪法	T30	—
	仿聲鳥	▼	搖盪法	T30	G薄荷15
	朝陽	▼	搖盪法	T30	夏翠絲（J）20／黑刺李琴酒1tsp
威士忌雞尾酒	愛爾蘭咖啡	□	直調法	愛爾蘭W30	—
	親密關係	▼	搖盪法	蘇格蘭W20	D香艾酒20／S香艾酒20

果汁類	甜味類、增添香氣	碳酸類	其他	度數	口感	頁數
檸檬20	—	—	—	24	中	117
鳳梨80	—	—	椰奶30／鳳梨角／綠櫻桃	8	甘	117
—	—	—	鮮奶油20	20	中	117
柳橙30／檸檬3dashes	—	—	—	17	中	118
—	砂糖（S糖漿）1～2tsp	—	S萊姆／薄荷葉	35	中	118
鳳梨30／檸檬15	—	—	鳳梨角／M櫻桃／薄荷葉	14	中	118
萊姆10	S糖漿½～1tsp	—	新鮮草莓2～3個	7	中	119
萊姆10	砂糖（S糖漿）1tsp	—	薄荷葉	8	中	119
檸檬15	S糖漿1tsp	—	香蕉⅓根	7	中	119
檸檬20	S糖漿1tsp	薑汁汽水適量	—	15	中	120
—	方糖1個	—	奶油1小塊／熱水適量	15	中	120
檸檬½tsp	—	—	—	33	中	120
鳳梨2tsp／柳橙2tsp／檸檬1tsp	—	—	鳳梨角／S柳橙／M櫻桃／綠櫻桃	25	中	121
萊姆15	G糖漿1dash	—	—	25	中	121
鳳梨30	G糖漿1tsp	—	—	18	甘	122
新鮮萊姆½個	S糖漿1tsp	—	薄荷葉6～7片	25	中	122
鳳梨適量	—	—	鳳梨角／綠櫻桃	15	中	122
萊姆½～1個	砂糖（S糖漿）1～2tsp	—	—	28	中	123
萊姆20	G糖漿1tsp	蘇打水適量	—	14	中	123
—	—	—	檸檬角	12	中	123
檸檬20	S糖漿1～2tsp	蘇打水適量	S檸檬	14	中	124
—	砂糖（S糖漿）2tsp	—	水（礦泉水）30／薄荷葉4～5片	25	中	124
—	—	蘇打水適量	S萊姆	14	中	125
—	—	通寧水適量	萊姆角	14	中	125
—	—	—	—	28	中	125
葡萄柚24	G糖漿1tsp	—	—	20	中	126
柳橙適量	S糖漿1tsp	—	S柳橙／M櫻桃	12	中	127
鳳梨90	—	—	鳳梨角／薄荷葉／M櫻桃／綠櫻桃	11	中	127
新鮮萊姆½個	—	薑汁汽水適量	—	11	中	127
檸檬15	—	—	鹽（鹽口杯）	26	中	128
—	—	蘇打水適量	S萊姆	20	中	128
葡萄柚20	—	—	—	20	中	129
柳橙10／檸檬10	G糖漿1tsp	—	檸檬皮	26	中	129
—	G糖漿1tsp	—	鮮奶油15／M櫻桃	25	甘	129
番茄適量	—	—	檸檬角	12	辛	130
檸檬15	—	—	小黃瓜棒	22	中	130
葡萄柚適量	—	—	綠櫻桃	12	中	130
檸檬30	G糖漿1tsp	—	—	5	中	131
柳橙90	G糖漿2tsp	—	S柳橙	12	中	131
—	—	—	橄欖／檸檬皮	35	辛	132
—	A苦精1dash	—	綠櫻桃	34	中	132
—	—	通寧水適量	萊姆角	12	中	132
—	—	—	檸檬皮	35	甘	133
—	—	—	—	32	中	133
—	—	—	—	34	中	133
檸檬15	砂糖（S糖漿）1tsp	—	—	7	中	134
萊姆15	砂糖（S糖漿）1tsp	—	—	7	中	134
柳橙15／檸檬15	砂糖（S糖漿）1tsp	—	—	20	中	135
鳳梨45／萊姆15	—	—	—	15	中	135
萊姆20／蔓越莓20	—	—	—	20	中	135
萊姆15	—	—	—	26	中	136
鳳梨30	G糖漿1dash	—	—	17	甘	136
檸檬12	—	—	—	24	中	136
檸檬15	—	—	—	26	中	137
萊姆15	—	—	—	25	中	137
萊姆（萊姆糖漿）10	M櫻桃	—	M櫻桃	33	中	137
—	砂糖1tsp	—	熱咖啡適量／鮮奶油適量	10	中	150
—	A苦精2dashes	—	—	20	中	151

類別	雞尾酒名	分類	技法	基酒	香甜酒、酒類
威士忌雞尾酒	艾爾卡彭	▼	搖盪法	波本W25	柑曼怡（O庫拉索酒）15／哈密瓜L10
	墨水街	▼	搖盪法	裸麥W30	—
	帝王費士	□	搖盪法	W45	R（W）15
	威士忌雞尾酒	▼	攪拌法	W60	—
	威士忌沙瓦	▼	搖盪法	W45	—
	威士忌托迪	□	直調法	W45	—
	威士忌高球	□	直調法	W45	—
	漂浮威士忌	□	直調法	W45	—
	老夥伴	▼	攪拌法	裸麥W20	D香艾酒20／金巴利20
	古典雞尾酒	□	直調法	裸麥或波本W45	—
	東方	▼	搖盪法	裸麥W24	S香艾酒12／W庫拉索酒12
	牛仔	▼	搖盪法	波本W40	—
	加州檸檬汁	□	搖盪法	波本W45	—
	快吻我	▼	攪拌法	蘇格蘭W30	多寶力20／覆盆子L10
	克倫代克酷樂	□	直調法	W45	—
	教父	□	直調法	W45	阿瑪雷托15
	海軍准將	▼	搖盪法	裸麥W45	—
	三葉草	▼	搖盪法	愛爾蘭W30	D香艾酒30／夏翠絲（V）3dashes／G薄荷3dashes
	約翰可林斯	□	直調法	W45	—
	蘇格蘭裙	▼	攪拌法	蘇格蘭W40	吉寶蜂蜜香甜酒20
	德比費士	□	搖盪法	W45	O庫拉索酒1tsp
	邱吉爾	▼	搖盪法	蘇格蘭W30	君度橙酒10／S香艾酒10
	紐約	▼	搖盪法	裸麥或波本W45	—
	波本蘇打	□	直調法	波本W45	—
	波本霸克	□	直調法	波本W45	—
	波本萊姆	□	直調法	波本W45	—
	高帽子	▼	搖盪法	波本W40	櫻桃B10
	高原酷樂	□	搖盪法	蘇格蘭W45	—
	颶風	▼	搖盪法	W15	G15／W薄荷15
	獵人	▼	搖盪法	裸麥或波本W45	櫻桃B15
	布魯克林	▼	搖盪法	裸麥W40	D香艾酒20／皮康橙香開胃酒1dash／瑪拉斯奇諾櫻桃酒1dash
	一桿進洞	▼	搖盪法	W40	D香艾酒20
	熱威士忌托迪	□	直調法	W45	—
	鮑比伯恩斯	▼	攪拌法	蘇格蘭W40	S香艾酒20／廊酒1tsp
	邁阿密海灘	▼	搖盪法	W35	D香艾酒10
	山脈	▼	搖盪法	裸麥W45	D香艾酒10／S香艾酒10
	媽咪泰勒	□	直調法	蘇格蘭W45	—
	曼哈頓	▼	攪拌法	裸麥或波本W45	S香艾酒15
	曼哈頓（不甜）	▼	攪拌法	裸麥或波本W48	D香艾酒12
	曼哈頓（半甜）	▼	攪拌法	裸麥或波本W40	D香艾酒10／S香艾酒10
	薄荷酷樂	□	直調法	W45	W薄荷2～3dashes
	薄荷茱莉普	□	直調法	波本W60	—
	蒙特卡羅	▼	搖盪法	裸麥W45	廊酒15
	鏽釘	□	直調法	W30	吉寶蜂蜜香甜酒30
	羅伯洛伊	▼	攪拌法	蘇格蘭W45	S香艾酒15
白蘭地雞尾酒	亞歷山大	▼	搖盪法	B30	可可L（白）15
	蛋沙瓦	▼	搖盪法	B30	O庫拉索酒20
	奧林匹克	▼	搖盪法	B20	O庫拉索酒20
	卡爾瓦多斯雞尾酒	▼	搖盪法	蘋果B（卡爾瓦多斯）20	W庫拉索酒10
	卡蘿	▼	搖盪法	B40	S香艾酒20
	古巴雞尾酒	▼	搖盪法	B30	杏桃B15
	經典雞尾酒	▼	搖盪法	B30	O庫拉索酒10／瑪拉斯奇諾櫻桃酒10
	亡者復甦	▼	攪拌法	B30	蘋果B15／S香艾酒15
	側車	▼	搖盪法	B30	W庫拉索酒15
	芝加哥	▼	搖盪法	B45	O庫拉索酒2 dashes
	傑克羅斯	▼	搖盪法	蘋果B30	—
	香榭麗舍	▼	搖盪法	B（干邑）36	夏翠絲（J）12
	毒刺	▼	搖盪法	B40	W薄荷20

果汁類	甜味類、增添香氣	碳酸類	其他	度數	口感	頁數
—	—	—	鮮奶油10	26	中	151
柳橙15／檸檬15	—	—	—	15	中	151
檸檬20	砂糖（S糖漿）1～2tsp	蘇打水適量	—	17	中	152
—	A苦精1dash／S糖漿1dash	—	—	37	中	152
檸檬20	砂糖（S糖漿）1tsp	—	S柳橙／M櫻桃	23	中	152
—	砂糖（S糖漿）1tsp	—	水（礦泉水）適量／S檸檬／S萊姆	13	中	153
—	—	蘇打水適量	—	13	辛	153
—	—	—	水（礦泉水）適量	13	辛	153
—	—	—	—	24	中	154
—	A苦精2dashes／方糖1個	—	S柳橙／S檸檬／M櫻桃	32	中	154
萊姆12	—	—	—	25	中	155
—	—	—	鮮奶油20	25	中	155
檸檬20／萊姆10	G糖漿1tsp／砂糖（S糖漿）1tsp	蘇打水適量	檸檬角	13	中	155
—	—	—	檸檬皮	24	中	156
柳橙20	—	薑汁汽水適量	柳橙皮	15	中	156
—	—	—	—	34	中	157
萊姆15	O苦精2dashes／S糖漿1tsp	—	—	26	辛	157
—	—	—	—	27	中	157
檸檬20	S糖漿1～2tsp	蘇打水適量	S檸檬／M櫻桃	13	中	158
—	O苦精2dashes	—	—	36	中	158
檸檬1tsp	砂糖（S糖漿）1tsp	蘇打水適量	蛋1個	14	中	158
萊姆10	—	—	—	27	中	159
萊姆15	G糖漿1/2tsp／砂糖（S糖漿）1tsp	—	柳橙皮	26	中	159
—	—	蘇打水適量	—	13	辛	160
檸檬20	—	薑汁汽水適量	—	14	中	160
—	—	—	萊姆角	30	辛	160
葡萄柚10／檸檬1tsp	—	—	—	28	中	161
檸檬15	A苦精2dashes／砂糖（S糖漿）1tsp	薑汁汽水適量	—	13	中	161
檸檬15	—	—	—	30	中	162
—	—	—	—	33	中	162
—	—	—	—	30	辛	162
檸檬2dashes／柳橙1dash	—	—	—	30	辛	163
—	砂糖（S糖漿）1tsp	—	熱水適量／S檸檬／丁香／肉桂棒	13	中	163
—	—	—	檸檬皮	30	中	163
葡萄柚15	—	—	—	28	中	164
檸檬10	—	—	蛋白1個	20	中	164
檸檬20	—	薑汁汽水適量	S萊姆	13	中	164
—	A苦精1dash	—	M櫻桃／檸檬皮	32	中	165
—	A苦精1dash	—	綠櫻桃	35	辛	165
—	A苦精1dash	—	M櫻桃	30	中	165
—	—	蘇打水適量	薄荷葉	13	辛	166
—	砂糖（S糖漿）2tsp	水或蘇打水2stp	薄荷葉5～6片	26	中	166
—	A苦精2dashes	—	—	40	中	167
—	—	—	—	36	甘	167
—	A苦精1dash	—	M櫻桃／檸檬皮	32	中	167
—	—	—	鮮奶油15	23	甘	168
檸檬20	砂糖（S糖漿）1tsp	—	蛋1個	15	中	169
柳橙20	—	—	—	26	中	169
柳橙20	O苦精10	—	—	20	中	169
—	—	—	珍珠洋蔥	28	中	170
萊姆15	—	—	—	22	中	170
檸檬10	—	—	—	26	中	170
—	—	—	—	28	中	171
檸檬15	—	—	—	26	中	171
—	A苦精1dash	香檳適量	—	25	中	171
萊姆15	G糖漿15	—	—	20	中	172
檸檬12	A苦精1dash	—	—	26	中	172
—	—	—	—	32	中	173

	雞尾酒名	分類	技法	基酒	香甜酒、酒類
白蘭地雞尾酒	三個磨坊主	▼	搖盪法	B40	R（W）20
	黯淡的母親	□	直調法	B40	咖啡L20
	櫻花	▼	搖盪法	B30	櫻桃B30／O庫拉索酒2dashes
	夢幻	▼	搖盪法	B40	O庫拉索酒20／保樂茴香香甜酒1dash
	尼可拉斯加	▼	直調法	B適量	—
	哈佛	▼	攪拌法	B30	S香艾酒30
	哈佛酷樂	□	搖盪法	蘋果B45	—
	蜜月	▼	搖盪法	蘋果B20	廊酒20／O庫拉索酒3dashes
	B & B	▼	直調法	B30	廊酒30
	床第之間	▼	搖盪法	B20	R（W）20／W庫拉索酒20
	白蘭地蛋酒	□	搖盪法	B30	R（D）15
	白蘭地雞尾酒	▼	攪拌法	B60	W庫拉索酒2dashes
	白蘭地沙瓦	▼	搖盪法	B45	—
	白蘭地司令	□	直調法	B45	—
	白蘭地費克斯	□	直調法	B30	櫻桃B30
	白蘭地牛奶賓治	□	搖盪法	B40	—
	霹靂神探	□	直調法	B45	阿瑪雷托15
	馬頸	□	直調法	B45	—
	熱白蘭地蛋酒	□	直調法	B30	R（D）15
	孟買	▼	攪拌法	B30	D香艾酒15／S香艾酒15／O庫拉索酒2dashes／保樂茴香香甜酒1dash
香甜酒雞尾酒	餐後酒	▼	搖盪法	杏桃B24	O庫拉索酒24
	杏桃酷樂	□	搖盪法	杏桃B45	—
	皮康高球	□	直調法	皮康橙香開胃酒45	—
	黃鸚鵡	▼	攪拌法	杏桃B20	保樂茴香香甜酒20／夏翠絲（J）20
	可可費士	□	搖盪法	可可L（棕）45	—
	黑醋栗烏龍	□	直調法	C黑醋栗45	—
	卡魯哇牛奶	□	直調法	卡魯哇（咖啡L）30~45	—
	金巴利柳橙	□	直調法	金巴利45	—
	金巴利蘇打	□	直調法	金巴利45	—
	彼得國王	□	直調法	櫻桃B45	—
	水晶協奏曲	▼	搖盪法	水蜜桃L40	V10／櫻桃B2tsp
	綠色蚱蜢	▼	搖盪法	可可L（白）20	G薄荷20
	金色凱迪拉克	▼	搖盪法	加利安諾20	可可L（白）20
	金色夢幻	▼	搖盪法	加利安諾20	W庫拉索酒15
	聖日耳曼	▼	搖盪法	夏翠絲（V）45	—
	夏翠絲通寧	□	直調法	夏翠絲（V）30~45	—
	郝思嘉	▼	搖盪法	南方安逸30	—
	泡泡	□	直調法	金巴利30	—
	黑刺李琴酒雞尾酒	▼	攪拌法	黑刺李琴酒30	D香艾酒15／S香艾酒15
	黑刺李琴酒費士	□	搖盪法	黑刺李琴酒45	—
	吉拿可樂	□	直調法	吉拿45	—
	查理卓別林	□	搖盪法	黑刺李琴酒20	杏桃B20
	中國藍	□	直調法	荔枝L30	B庫拉索酒1tsp
	迪薩利塔	▼	搖盪法	阿瑪雷托30	T15
	發現	□	直調法	蛋黃酒（ADVOCAAT）45	—
	迪塔妖精	□	搖盪法	荔枝L（DITA）30	R（W）10／G薄荷10
	紫羅蘭費士	□	搖盪法	紫羅蘭L45	—
	香蕉天堂	□	直調法	香蕉L30	B30
	瓦倫西亞	▼	搖盪法	杏桃B40	—
	皮康雞尾酒	▼	攪拌法	皮康橙香開胃酒30	S香艾酒30
	乒乓	▼	搖盪法	黑刺李琴酒30	紫羅蘭L30
	禁果	□	直調法	水蜜桃L45	—
	普施咖啡	□	直調法	—	哈密瓜L10／B庫拉索酒10／夏翠絲（J）10／B10
	藍色佳人	▼	搖盪法	B庫拉索酒30	G15
	鬥牛犬	▼	搖盪法	櫻桃B30	R（W）20
	天鵝絨榔頭	▼	搖盪法	W庫拉索酒20	蒂亞瑪麗亞（咖啡L）20
	滾球	□	直調法	阿瑪雷托30	—
	熱金巴利	□	直調法	金巴利40	—

果汁類	甜味類、增添香氣	碳酸類	其他	度數	口感	頁數
檸檬1dash	G糖漿1tsp	—	—	38	辛	173
—	—	—	—	32	甘	173
檸檬2dashes	G糖漿2dashes	—	—	28	中	174
—	—	—	—	33	中	174
—	砂糖1tsp	—	S檸檬1片	40	中	174
—	A苦精2dashes／S糖漿1dash	—	—	25	中	175
檸檬20	S糖漿1tsp	蘇打水適量	—	12	中	175
檸檬20	—	—	—	25	中	175
—	—	—	—	40	中	176
檸檬1tsp	—	—	—	36	中	176
—	砂糖2tsp	—	蛋1個／牛奶適量／肉豆蔻	12	中	176
—	A苦精1dash	—	檸檬皮	40	辛	177
檸檬20	砂糖（S糖漿）1tsp	—	S萊姆／M櫻桃	23	中	177
檸檬20	砂糖（S糖漿）1tsp	—	M礦泉水適量	14	中	177
檸檬20	砂糖（S糖漿）1tsp	—	S檸檬	25	中	178
—	砂糖（S糖漿）1tsp	—	牛奶120	13	中	178
—	—	—	—	32	甘	178
—	—	薑汁汽水適量	—	10	中	179
—	砂糖2tsp	—	蛋1個／牛奶適量	15	中	179
—	—	—	—	25	中	179
萊姆12	—	—	—	20	甘	180
檸檬20	G糖漿1tsp	蘇打水適量	S萊姆／M櫻桃	7	中	181
—	G糖漿3dashes	蘇打水適量	檸檬皮	8	中	181
—	—	—	—	30	甘	181
檸檬20	S糖漿1tsp	蘇打水適量	S檸檬／M櫻桃	8	甘	182
—	—	—	S檸檬	7	中	182
—	—	—	牛奶適量	7	甘	183
柳橙適量	—	—	S柳橙	7	中	183
—	—	蘇打水適量	S柳橙	7	中	183
檸檬10	—	通寧水適量	S檸檬／M櫻桃	8	中	184
葡萄柚30	—	香檳適量	—	12	甘	184
—	—	—	鮮奶油20	14	甘	184
—	—	—	鮮奶油20	16	甘	185
柳橙15	—	—	鮮奶油15	16	甘	185
檸檬20／葡萄柚20	—	—	蛋白1個	20	中	185
—	—	通寧水適量	S萊姆	5	中	186
蔓越莓20／檸檬10	—	—	—	15	中	186
葡萄柚45	—	通寧水適量	檸檬角／綠櫻桃	5	中	186
—	—	—	檸檬皮	18	中	187
檸檬20	S糖漿1tsp	蘇打水適量	檸檬角	8	中	187
—	—	可樂適量	檸檬角	6	甘	187
檸檬20	—	—	—	23	甘	188
葡萄柚45	—	通寧水適量	—	5	中	188
萊姆（萊姆糖漿）15	—	—	—	27	中	188
—	—	薑汁汽水適量	—	7	甘	189
葡萄柚10	—	通寧水適量	薄荷葉	5	中	189
檸檬20	S糖漿1tsp	蘇打水適量	綠櫻桃	8	甘	189
—	—	—	—	26	甘	190
柳橙20	O苦精4dashes	—	—	14	甘	190
—	—	—	—	17	甘	190
檸檬1tsp	—	—	—	29	甘	191
柳橙適量	—	—	—	8	中	191
—	G糖漿10	—	—	28	甘	191
檸檬15	—	—	蛋白1個	16	中	192
萊姆10	—	—	—	25	中	192
—	—	—	鮮奶油20	16	甘	192
柳橙30	—	蘇打水適量	S柳橙／M櫻桃	6	中	193
檸檬1tsp	蜂蜜1tsp	—	熱水適量	10	中	193

	雞尾酒名	分類	技法	基酒	香甜酒、酒類
香甜酒雞尾酒	波希米亞夢想	□	搖盪法	杏桃B15	—
	薄荷芙萊蓓	▼	直調法	G薄荷45	—
	哈密瓜球	□	直調法	哈密瓜L60	V30
	哈密瓜牛奶	□	直調法	哈密瓜L30~45	—
	荔枝葡萄柚	□	直調法	荔枝L45	—
	紅寶石費士	□	搖盪法	黑刺李琴酒45	—
	白瑞德	▼	搖盪法	南方安逸20	O庫拉索酒20
葡萄酒&香檳雞尾酒	阿丁頓	□	直調法	D香艾酒30	S香艾酒30
	阿多尼斯	▼	攪拌法	不甜雪莉酒40	S香艾酒20
	美國佬	□	直調法	S香艾酒30	金巴利30
	美國檸檬水	□	直調法	紅葡萄酒30	—
	基爾	▼	直調法	白葡萄酒60	C黑醋栗10
	皇家基爾	▼	直調法	香檳60	C黑醋栗10
	綠色大地	□	直調法	白葡萄酒30	哈密瓜L30
	克倫代克高球	□	搖盪法	D香艾酒30	S香艾酒30
	香檳雞尾酒	▼	直調法	香檳1杯	—
	交響曲	▼	攪拌法	白葡萄酒30	水蜜桃L15
	斯普里策	□	直調法	白葡萄酒60	—
	靈魂之吻	▼	搖盪法	D香艾酒20	S香艾酒20／多寶力10
	多寶力費士	□	搖盪法	多寶力45	櫻桃B1tsp
	霸克費士	□	直調法	香檳適量	—
	竹子	▼	攪拌法	不甜雪莉酒40	D香艾酒20
	貝里尼	▼	直調法	氣泡葡萄酒適量	—
	白色含羞草	▼	直調法	香檳適量	—
	富士山	▼	搖盪法	S香艾酒40	R（W）20
	含羞草	▼	直調法	香檳適量	—
	葡萄酒酷樂	□	直調法	葡萄酒(紅、白、粉紅)90	O庫拉索酒15
	漂浮葡萄酒	▼	搖盪法	紅葡萄酒30	荔枝L10／水蜜桃L10
啤酒雞尾酒	金巴利啤酒	□	直調法	啤酒適量	金巴利30
	蔓越莓啤酒	□	直調法	啤酒適量	—
	潛水艇	□	直調法	啤酒適量	T60
	香迪蓋夫	□	直調法	啤酒(愛爾淡啤酒)½杯	—
	狗鼻子	□	直調法	啤酒適量	G45
	帕納雪	□	直調法	啤酒½杯	—
	啤酒斯普里策	□	直調法	啤酒½杯	白葡萄酒½杯
	水蜜桃啤酒	□	直調法	啤酒適量	水蜜桃L30
	黑色天鵝絨	□	直調法	啤酒（司陶特）½杯	—
	薄荷啤酒	□	直調法	啤酒適量	G薄荷15
	紅眼	□	直調法	啤酒½杯	—
	紅鳥	□	直調法	啤酒適量	V45
燒酎雞尾酒	泡盛雞尾酒	▼	搖盪法	泡盛20	W庫拉索酒20／G薄荷1tsp
	泡盛費士	□	搖盪法	泡盛45	—
	杏桃泡盛	▼	搖盪法	泡盛20	杏桃B20
	小黃瓜燒酎	□	直調法	燒酎（甲類）45	—
	黑糖鳳梨	□	搖盪法	黑糖燒酎30	—
	島卡琵莉亞	□	直調法	黑糖燒酎45	—
	燒酎鬥牛犬	□	直調法	燒酎（甲類）45	—
	檸檬燒酎高球	□	直調法	燒酎45	—
無酒精雞尾酒	清涼可林斯	□	直調法	—	—
	薩拉托加酷樂	□	直調法	—	—
	雪莉鄧波	□	直調法	—	—
	仙杜瑞拉	▼	搖盪法	—	—
	無酒精微風	□	搖盪法	—	—
	蜜桃梅爾芭	□	搖盪法	—	—
	貓步	▼	搖盪法	—	—
	佛羅里達	▼	搖盪法	—	—
	奶昔	□	搖盪法	—	—
	檸檬水	□	直調法	—	—

果汁類	甜味類、增添香氣	碳酸類	其他	度數	口感	頁數
柳橙30／檸檬1tsp	G糖漿2tsp	蘇打水適量	S柳橙／綠櫻桃	18	中	193
—	—	—	薄荷葉	17	甘	194
柳橙60	—	—	S柳橙	19	甘	194
—	—	—	牛奶適量	7	甘	194
葡萄柚適量	—	—	綠櫻桃	5	中	195
檸檬20	G糖漿1tsp／砂糖（S糖漿）1tsp	蘇打水適量	蛋白1個	8	中	195
萊姆10／檸檬10	—	—	—	25	甘	195
—	—	蘇打水適量	柳橙皮	14	中	196
—	O苦精1dash	—	—	16	中	197
—	—	蘇打水適量	檸檬皮	7	中	197
檸檬40	砂糖（S糖漿）2～3tsp	—	礦泉水適量	3	中	197
—	—	—	—	11	中	198
—	—	—	—	12	中	198
—	—	通寧水適量	鳳梨角	6	甘	199
檸檬20	砂糖（S糖漿）1tsp	薑汁汽水適量	S檸檬	7	中	199
—	A苦精1dash／方糖1個	—	檸檬皮	15	中	199
—	G糖漿1tsp／S糖漿2tsp	—	—	14	甘	200
—	—	蘇打水適量	—	5	中	200
柳橙10	—	—	—	13	中	200
柳橙20／檸檬10	—	蘇打水適量	S柳橙	7	中	201
柳橙60	—	—	S柳橙／綠櫻桃	8	中	201
—	O苦精1dash	—	—	16	辛	201
NECTAR水蜜桃60	G糖漿1dash	—	—	9	甘	202
葡萄柚60	—	—	—	7	中	202
檸檬2tsp	O苦精1dash	—	—	19	中	202
柳橙60	—	—	—	7	中	203
柳橙30	G糖漿15	—	S柳橙	12	中	203
鳳梨30／檸檬1tsp	—	—	—	12	中	203
—	—	—	—	9	中	204
蔓越莓30	G糖漿1tsp	—	—	4	中	205
—	—	—	—	28	辛	205
—	—	薑汁汽水½杯	—	2	中	206
—	—	—	—	11	辛	206
檸檬水½杯	—	—	—	2	中	206
—	—	—	檸檬皮	9	中	207
—	G糖漿1～2tsp	—	—	7	甘	207
—	—	香檳½杯	—	9	中	208
—	—	—	—	6	甘	208
番茄½杯	—	—	—	2	辛	209
番茄60	—	—	檸檬角	13	辛	209
鳳梨20／萊姆1tsp	—	—	—	15	中	210
檸檬20	S糖漿1tsp	蘇打水適量	S萊姆	8	中	211
柳橙10／檸檬10	—	—	—	18	中	211
—	—	蘇打水（礦泉水）適量	小黃瓜棒3～4根	10	辛	212
—	—	—	椰奶30／S柳橙／鳳梨角／M櫻桃	7	中	212
—	砂糖（S糖漿）½～1tsp	—	S柳橙1片／S萊姆2片／S檸檬2片	20	中	213
葡萄柚適量	—	—	M櫻桃／綠櫻桃	9	中	213
—	—	蘇打水適量	檸檬角	10	辛	213
檸檬60	S糖漿1tsp	蘇打水適量	薄荷葉5～6片	0	中	214
萊姆20	S糖漿1tsp	薑汁汽水適量	S萊姆	0	中	215
—	G糖漿20	薑汁汽水適量	檸檬角／M櫻桃	0	甘	215
柳橙20／檸檬20／鳳梨20	—	—	M櫻桃／薄荷葉	0	中	216
葡萄柚60／蔓越莓30	—	—	—	0	中	216
NECTAR水蜜桃60／檸檬15／萊姆15	G糖漿10	—	—	0	中	217
柳橙45／檸檬15	G糖漿1tsp	—	蛋黃1個	0	中	217
柳橙40／檸檬20	A苦精2dashes／砂糖（S糖漿）1tsp	—	—	0	中	217
—	砂糖（S糖漿）1～2tsp	—	牛奶120～150／蛋1個	0	甘	218
檸檬40	砂糖（S糖漿）2～3tsp	—	水（礦泉水）適量／S檸檬	0	中	218

索引 INDEX

英文

1～5劃

6～10劃

11～15劃

16～20劃

21～24劃

編集工房桃庵／**編著**

自由接案編輯兼作家．吉原信成先生所掌管的編輯製作公司。親自包辦書籍、雜誌、廣告等企畫以及編輯製作、撰稿、平面設計。負責製作許多與酒和料理相關的書籍，經手編輯製作的作品很多，有《冬つまみ》、《おつまみ小鍋》（以上皆為池田書店出版）、《珈琲のおさけ》（文友舍）、《バラッツ流! 絶品スパイスカレー》（ナツメ社）等書。

【日文版工作人員】

雞尾酒製作　吉原 信成（編集工房桃庵）
　　　　　　櫻庭 基成
內文　柳田 尚美（N/Y graphics）
攝影　岡田 圭司（岡田写真事務所）
編輯、構成　編集工房桃庵

參考文獻
《新版NBAオフィシャル・カクテルブック》（柴田書店）
《リキュールブック》（柴田書店）
《世界の名酒事典》（講談社）
《ラム酒大全》（誠文堂新光社）
《ウイスキー＆シングルモルト完全ガイド》（池田書店）

絕品雞尾酒研究室

5 支基酒 ×4 種基本技法 ×3 組方程式，
隨心所欲調出 452 款世界級經典雞尾酒

2023 年 1 月 1 日初版第一刷發行
2023 年 10 月 1 日初版第二刷發行

編　著　編集工房桃庵
譯　者　安珀
主　編　陳正芳
特約編輯　王瀅晴
美術編輯　黃郁琇
發 行 人　若森稔雄
發 行 所　台灣東販股份有限公司
<地址>台北市南京東路4段130號2F-1
<電話>(02)2577-8878
<傳真>(02)2577-8896
<網址>www.tohan.com.tw
郵撥帳號　1405049-4
法律顧問　蕭雄淋律師
總 經 銷　聯合發行股份有限公司
<電話>(02)2917-8022

國家圖書館出版品預行編目 (CIP) 資料

絕品雞尾酒研究室：5支基酒×4種基本技法×3組方程式，隨心所欲調出452款世界級經典雞尾酒 / 編集工房桃庵編著；安珀譯. -- 初版. -- 臺北市：臺灣東販股份有限公司, 2023.01
256 面；14.8×21 公分
ISBN 978-626-329-599-5 (平裝)

1.CST: 調酒

427.43　　111017421